LE PROCÈS

DE LA

NOMENCLATURE BOTANIQUE

ET ZOOLOGIQUE

PAR

LE DR SAINT-LAGER

PARIS

LIBRAIRIE J.-B. BAILLIÈRE ET FILS

RUE HAUTEFEUILLE, 19, PRÈS DU BOULEVARD SAINT-GERMAIN

1886

LE PROCÈS

DE LA

NOMENCLATURE BOTANIQUE

ET ZOOLOGIQUE

LYON. — IMPRIMERIE PITRAT AINÉ, 4, RUE GENTIL

LE PROCÈS

DE LA

NOMENCLATURE BOTANIQUE

ET ZOOLOGIQUE

PAR

LE Dʳ SAINT-LAGER

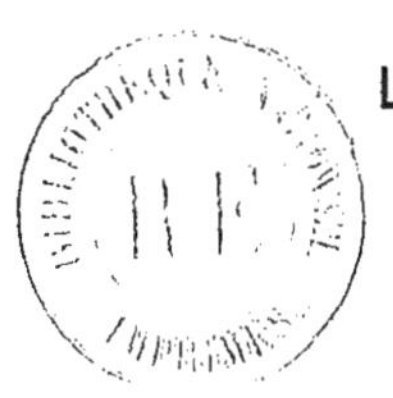

PARIS

LIBRAIRIE J.-B. BAILLIÈRE ET FILS

RUE HAUTEFEUILLE, 19, PRÈS DU BOULEVARD SAINT-GERMAIN

—

1886

LE PROCÈS

DE LA

NOMENCLATURE BOTANIQUE

ET ZOOLOGIQUE

I

LE LANGAGE SCIENTIFIQUE PEUT-IL ÊTRE INVARIABLE ?

La question proposée en tête de ce chapitre surprendra certainement les philosophes qui connaissent la mobilité de l'esprit humain ; elle n'étonnera pas moins les philologues accoutumés à suivre les variations du langage soit sous sa forme vulgaire, soit dans ses diverses formules techniques ; enfin elle ne peut manquer d'exciter immédiatement un sentiment de révolte de la part des physiciens, des chimistes et des naturalistes qui estiment que le langage scientifique doit se perfectionner incessamment, à mesure de l'extension de nos connaissances. Aussi n'est-il pas superflu d'expliquer comment nous avons été amené à la discuter.

Un savant distingué, héritier d'un nom illustre, célèbre lui-même par ses écrits phytologiques et notamment par ses travaux de géographie botanique, a publié un ouvrage dans lequel il déclare que le principe essentiel des lois de la nomenclature des êtres vivants est la *fixité des noms* (1).

D'après M. A. de Candolle, un nom étant une manière quelconque de désigner un objet, il importe peu qu'il soit irréprochable sous le rapport de la correction grammaticale, de la régularité, de l'euphonie et autres conditions accessoires ; c'est pourquoi il doit être rigoureusement maintenu tel qu'il a été créé par son auteur, à moins de motifs exceptionnels d'une très grande force (p. 20). Ces motifs eux-mêmes ne sont applicables qu'au nom spécifique et jamais au nom générique, en vertu de ce principe qu'un nom de genre est arbitraire et aurait pu être composé de syllabes ou de lettres tirées au sort (p. 42). Par conséquent, et sauf le redressement des erreurs purement typographiques, un nom de genre est absolument fixe, si vicieux qu'il soit sous le rapport de l'étymologie et de la construction grammaticale, lors même qu'il signifierait tout autre chose que ce que son auteur avait en vue d'exprimer. Dans ce dernier cas il doit être considéré comme insignifiant *ne varietur*.

Au nombre des motifs exceptionnellement graves qui autorisent le changement d'un nom spécifique, M. A. de Candolle range le cas d'une erreur manifeste, comme par exemple si l'on a appelé *Asclepias syriaca* une espèce qui originairement ne se trouvait qu'en Virginie (p. 44). Sauf cette réserve, il est interdit de changer un nom spécifique, sous prétexte qu'il répète l'idée déjà exprimée dans le nom de genre *(Psamma arenaria,* sabuline des sables, *Helodes palustre,* marécageux-marécageux, etc.) ; qu'il est composé de plusieurs mots distincts *(Ipomœa bona nox);* qu'il est formé de radicaux mal assemblés *(salviæfolius, hederæfolius* pour *salvifolius, hederifolius),* et empruntés à des langues différentes *(ranunculoides, chamæbuxus* pour *ranunculiflorus, buxifolius);* ou bien encore qu'il est un substantif ne pouvant pas, à cause de son invariabilité, recevoir les désinences mascu-

(1) *Nouvelles remarques sur la nomenclature botanique pour servir de supplément au commentaire accompagnant le texte des lois adoptées par le Congrès international réuni à Paris en 1867,* in-8°, 79 pages. Genève, 1883.

line, féminine ou neutre au moyen desquelles on le ferait accorder avec le nom de genre *(Aconitum Anthora, Plantago Coronopus)*, p. 42).

Afin d'assurer la *stabilité* des noms, il suffit d'admettre que le seul légitime est le *plus ancien*. On verra plus loin en quoi consiste l'ancienneté, suivant la définition des législateurs modernes. Plusieurs autres naturalistes ont été, de même que M. Alph. de Candolle, préoccupés des inconvénients qui résulteraient de la liberté accordée au premier venu de changer les noms, soit dans le but de les rendre corrects, exacts, précis et expressifs, soit afin d'établir l'homogénéité et l'harmonie dans le vieil édifice de la nomenclature construit en dehors d'un plan préconçu par tant d'ouvriers malhabiles. Comme lui, ils ont énergiquement affirmé l'indispensable nécessité de « faire cesser le gâchis vers lequel tend de plus en plus la nomenclature », et de fonder la *stabilité* des noms sur la solide base de la loi de *priorité*. Cependant, d'accord sur ce point fondamental, ils ne le sont plus lorsqu'il s'agit de définir la priorité et de déterminer les cas où il est permis de déroger au principe de la fixité. Ainsi qu'on le verra, plusieurs d'entre eux ne sont pas parvenus à se dépouiller d'un vieux levain de purisme et d'amour de la précision, tandis que d'autres font litière de l'orthographe et de la grammaire. M. Dall (1) admet qu'on a le droit de rectifier : 1° un nom mal orthographié ou composé contrairement aux règles de la construction en usage chez les anciens Grecs et Romains ; 2° les noms hybrides formés par l'association d'un mot grec et d'un mot latin ; 3° une épithète spécifique dont la désinence ne s'accorde pas grammaticalement avec le nom générique ; 4° un mot tiré d'une langue barbare, d'une prononciation difficile et dépourvu de l'euphonie propre aux mots latins (Hyperodon *butzkopf*, Balæna *tschiekagliusk*, B. *agamætschik*) ; 5° les noms exprimant un attribut ou un caractère faux dans la majorité des cas ; 6° un nom de genre déjà employé dans le même règne et dans le même ordre, ou une épi-

___

(1) *Report of the Committee on zoological nomenclature.* American Association for the advancement of sciences at Nashville. 1877. Salem, 1878.

thète spécifique déjà employée dans le même genre (LXXVII, LXXXII).

M. Chaper (1) proscrit énergiquement les barbarismes. les mots construits en violation des règles de l'orthographe, de la grammaire et de la composition. « Il est impossible, dit–il, de supporter des barbarismes tels que *giganticus* pour *giganteus*, *nigrus* pour *niger*, *armigerus* pour *armiger*, ainsi que les désinences comme celles des mots *cyclostomus*, *ancylocerus*, *pterocera*, *anatomus*, alors qu'il était si simple de conserver celle des radicaux grecs *stoma*, *ceras*, *tome* ou *toma*, sans enlever en aucune manière à l'auteur la propriété du nom qu'il a créé en l'estropiant. Enfin M. Chaper veut que toujours l'adjectif s'accorde avec le substantif qui le précède.

Aug. Pyr. de Candolle (2) et Strickland (3), très affirmatifs sur la question de priorité, avaient néanmoins autorisé le changement d'un nom qui se trouve en contradiction avec un des caractères de l'espèce. Ils voulaient aussi, de même que Linné (4), Fabricius (5), Agassiz (6), Hermannsen (7), Kiesenwetter (8) et Bourguignat (9) que les règles de l'orthographe et de la grammaire fussent rigoureusement observées.

Ascherson (10) et M. Douvillé (11), plus sévères et plus consé· quents, considèrent comme extrêmement dangereuse une dérogation quelconque à la loi de *priorité*. Ils n'admettent aucune

<hr>

(1) *Nomenclature des êtres organisés.* Rapport à la Soc. zool. de France. Paris, 1881.

(2) *Théorie élémentaire de la botanique.* Paris, 1813.

(3) *Rules for zoological Nomenclature*, authorized by Section of British Association at Manchester, 1842.

(4) *Philosophia botanica.* Stockholm, 1751.

(5) *Philosophia entomologica.* Hamburg, 1778.

(6) *Principia generalia Nomenclaturæ Linnaei, in Nomenclator zoologicus.* Soloduri, 1842.

(7) *In Indices generum malacoz.* Cassel, 1846.

(8) *Lois de la nomenclature entomologique*, adoptées par le Congrès de Dresde en 1858.

(9) *Methodus conchyliologicus denominationis*, Paris, 1860.

(10) *Botanische Zeitung*, p. 356, 1869.

(11) *Rapport à la 2ᵉ session du Congrès géologique international*, p. 122-124. Bologne, 1881.

tolérance, pas même le droit de changer un nom qui serait en contradiction manifeste avec les caractères de la plante ou de l'animal auquel il est donné, « car, disent-ils, la moindre liberté ouvre la porte à la licence et à l'anarchie ». Un nom est un moyen conventionnel de désigner un être et n'est pas une formule descriptive. En les considérant tous comme insignifiants, on n'en trouvera aucun mauvais. En conséquence, M. Douvillé propose de supprimer toutes les exceptions à la loi de priorité, sauf en ce qui concerne les doubles emplois et les fautes d'orthographe qu'on peut toujours, par charité, attribuer au typographe ou à une distraction de l'auteur.

Si Staudinger, auteur d'un *Catalogue des Lépidoptères* devenu classique, avait pris part au débat, il n'aurait pas manqué de repousser cette dernière concession comme une atteinte au principe de la *fixité*. Suivant lui, l'auteur seul a le droit de corriger, dans un erratum ajouté à la première édition de son travail, les noms qu'il a donnés ; mais il perd le droit, dans ses ouvrages subséquents, de changer le premier nom et même de le corriger s'il est vicieusement construit.

Par une inconséquence flagrante, Staudinger restreint au nom spécifique l'application rigoureuse de la loi de *fixité* et admet le changement du nom de genre. Ainsi il accepte le genre *Cossus* créé par Fabricius à titre de démembrement du genre *Bombyx*, mais il blâme Fabricius d'avoir, sous prétexte d'éviter une redondance, changé *Bombyx Cossus* en *Cossus ligniperda*. « Quant à moi, dit Staudinger, je n'hésite pas à écrire *Cossus Cossus*. Au surplus, je considère les noms d'espèce comme des noms propres, et jamais comme des adjectifs indiquant un attribut. C'est pourquoi j'estime qu'il faut les écrire avec une majuscule initiale sans se soucier de les faire accorder grammaticalement avec le nom de genre. » *(Vorwort des Catalog der Lepidopteren.* Dresden, 1871.)

Le Congrès international réuni à Bologne en 1881, a décidé, paragraphe 5, « que le nom attribué à chaque genre et à chaque espèce est celui sous lequel ils ont été le plus anciennement désignés, à la condition que les caractères du genre et de l'espèce

aient été publiés et clairement définis. L'antériorité ne remonte
pas au delà de Linné, 10ᵉ édition du *Systema naturæ*, 1766. »

Dans son rapport, M. Douvillé considérant qu'il serait injuste
d'attribuer à l'illustre Suédois les nombreuses inventions faites par
ses prédécesseurs, avait demandé qu'aucune limite ne fût fixée
dans le temps à la loi de priorité. Linné lui-même avait déclaré
qu'il était bon et équitable de maintenir les genres créés antérieu-
rement lorsqu'ils étaient conformes aux règles de la nomenclature
binaire formulées dans la *Philosophia botanica*. En effet, sur
cinq cents genres admis par Tournefort, il en avait conservé plus
de trois cent soixante. M. Douvillé aurait pu ajouter que, relativement aux épithètes spécifiques, Linné avait le plus souvent choisi
dans les phrases diagnostiques en usage avant lui le mot le plus
topique, et que, pour plusieurs centaines de plantes auxquelles les
anciens naturalistes avaient déjà donné des dénominations binai-
res, il avait simplement maintenu l'antique tradition de Théophraste, de Columelle, de Dioscoride, continuée par Pline et Galien
et perpétuée jusqu'à Gaspard Bauhin et Tournefort dans le *Pinax*
et dans les *Instituliones rei herbariæ*. Les membres du Congrès
de Bologne, tout en avouant l'injustice du procédé consistant à
attribuer à Linné ce qui ne lui appartient pas, ont déclaré que la
commodité et l'utilité publique l'emportent en matière de langage
sur les considérations tirées de l'équité. En conséquence, ils ont
décidé que, pour la dénomination des plantes et des animaux, la
recherche de la paternité ne remonte pas au delà de la dixième
édition du *Systema naturæ*. S'en tenant aux nécessités de la pratique, ils laissent aux érudits et aux historiens de la botanique et
de la zoologie le soin de redresser les torts et de rendre à chacun
ce qui lui appartient en réalité.

Par une clause additionnelle qui excitera sans doute un vif
mécontentement chez les naturalistes peu fortunés, ils ont en outre
décidé que la priorité ne sera définitivement acquise que lorsque
l'espèce aura été non seulement décrite mais figurée. — *Beati
divites (Evangelium bononiense*, p. 5).

Ainsi, vous êtes dûment et solennellement prévenus, vous tous qui, jusqu'à ce jour, aviez la prétention d'être des hommes libres et raisonnables, vous avez été condamnés par les maîtres à subir l'inflexible loi d'une priorité conventionnelle et arbitraire.

De même que dans plusieurs pays nul ne peut brûler d'autres allumettes que celles qui portent l'estampille officielle, ni priser ou fumer d'autre tabac que celui des manufactures de l'État, de même lorsque vous voudrez parler de la Campanule des moissons, de la Flèche d'eau, de l'Ansérine fétide, de l'Ansérine à feuilles hastées, de l'Hydrocharis à feuilles cordiformes, de l'Anthyllide argentée, du Lychnis à pétales laciniés, etc., etc., vous serez tenus de dire :

Specularia speculum, Sagittaria sagittifolia, Chenopodium Vulvaria (les pudiques ladies anglaises elles-mêmes, par amour de la fixité des noms, ont cessé de trouver ce mot shocking), *Blitum Bonus Henricus, Hydrocharis Morsus ranæ, Anthyllis Barba Jovis, Lychnis Flos cuculi*, etc., etc., sous peine de passer pour des anarchistes et pour des contempteurs des lois divines et humaines. Bien plus, on vous accusera d'anachronisme! C'est, du reste, la seule pénalité qui puisse vous atteindre si vous suivez notre téméraire exemple (1).

Un scrupule nous saisit. La comparaison faite par nous entre l'obligation imposée aux citoyens de se servir exclusivement des produits dont l'État s'est réservé le monopole et celle qu'ont édictée les législateurs de la nomenclature des êtres vivants, pèche par plusieurs côtés. En effet, le naturaliste est obligé de nommer les plantes et les animaux, objets de ses études, tandis que, à la rigueur, il serait possible de renoncer à l'habitude qui consiste à introduire une poudre sternutatoire dans les fosses nasales ou à aspirer la fumée sortant d'un calumet nicotiné.

Au surplus, à ceux qui ne savent rien refuser à leur mem-

_____

(1) « Avec une tendance aussi accusée (chez MM. Ball, Chaper, Douvillé et les membres du Congrès de Bologne), il est assez singulier de voir, en 1881, deux publications d'un savant lyonnais inspirées par des vues bien différentes. Nous ne doutons pas de ses bonnes intentions, mais elles nous paraissent un véritable anachronisme. » *(Nouv. Rem. sur la nom. botan.*, p. 5.)

brane pituitaire, reste la ressource de priser la poudre d'*Achillea ptarmica* (1) ou d'*Arnica montana*. Peut-être les feuilles de vigne soumises à certaines préparations remplaceraient-elles avan-tageusement, pour la fabrication des cigares, l'herbe vénéneuse qui a rendu à jamais célèbre le nom de Jean Nicot? Enfin il est loisible à chacun de renoncer aux bâtonnets pyrophoriques et de battre patiemment le briquet, comme faisaient nos aïeux et nos pères eux -mêmes il n'y a pas bien longtemps.

Mais c'est assez parler du monopole de la vente du tabac et des allumettes, lequel, à bien prendre les choses, est un expédient fiscal inventé dans le but d'alléger l'impôt foncier de plusieurs centaines de millions de francs nécessaires aux services publics. Revenons au monopole institué en faveur des fabricants de noms, moins dans le but de leur assurer une gloire immortelle, que pour mettre « un frein à la fureur des révolutionnaires ».

La confusion des langues est-elle à ce point imminente qu'il faille, par mesure de salut public, décréter *hic et nunc* l'immobilisation de la nomenclature des êtres vivants et faire défense « à qui que ce soit d'y rien changer ».

Qu'on se rassure : dans la République des sciences, de même que dans les sociétés civiles, subsiste un indestructible instinct de conservation qui préserve l'une et les autres du danger de l'anarchie. Il y a eu dans tous les temps et il y aura toujours des utopistes sincères (nous ne parlons pas des autres) qui, ignorant les conditions physiologiques de la vie des individus et des peuples, conçoivent un état politique et social devant réaliser, pour l'ensemble des citoyens ainsi que pour chacun d'eux en particulier, l'idéal du bonheur au sein de la liberté et de l'égalité. Quelques rares naturalistes ont essayé d'apporter à la nomenclature des modifications. Les uns se sont bornés à corriger un petit nombre de locutions inexactes ou vicieuses et, bien que les corrections qu'ils proposaient fussent le plus souvent fort légitimes, ils ont rarement réussi à triompher de la routine. D'autres, méconnais-

---

(1) πταρμικὸς, qui fait éternuer. Le nom d'*Arnica*, donné à une composée bien connue est une corruption du mot *Ptarmica*.

sant la sagesse des principes formulés par Tournefort et magistralement développés par Linné, ont voulu reconstruire sur une nouvelle base l'édifice de la nomenclature. Ils ont totalement échoué
dans leur tentative. Citons un exemple.

En 1848, un entomologiste distingué, M. Amyot, publia une
monographie des Rhynchotes, famille d'insectes diptères, dans
laquelle il désigna chaque espèce par un nom simple. En faveur
du système *mononymique* adopté par lui, M. Amyot alléguait que
l'établissement des genres est arbitraire et engendre parmi les
naturalistes des discussions interminables. « Aussi, disait-il, la
nomenclature ne doit être appliquée qu'à l'espèce, laquelle d'ailleurs est la seule réalité véritable. Or, pour désigner celle-ci, un
nom simple suffit. Les variétés pourront être indiquées par des
lettres, A, B, C, D, etc. »

Il n'a sans doute pas échappé à M. Amyot que les divergences
entre naturalistes ne sont pas moins nombreuses ni moins dura-
bles en ce qui concerne la mesure exacte de ce qu'il convient
d'appeler espèce que pour ce qui regarde les groupements génériques, mais il a été surtout séduit par cette considération que le
système *mononymique* supprime cette dernière difficulté et éco-
nomise la moitié des noms de la nomenclature linnéenne.

Il n'est pas venu à notre connaissance que M. Amyot ait eu des
imitateurs; il serait, par conséquent, injuste de l'accuser d'avoir
introduit la plus minime perturbation dans le langage scientifique.
Les naturalistes sont unanimes à reconnaître que les locutions bi-
nominales ont sur la nomenclature mononymique l'immense avantage de satisfaire le besoin de classification inhérent à l'esprit
humain, et malgré les divergences qui les séparent relativement à
la constitution des genres et des espèces, ils s'attachent de plus en
plus au système de nomenclature qui exprime cette double con-
ception sans laquelle les sciences biologiques ne seraient qu'un
vaste chaos. Au surplus, sur chaque question en particulier, la
variabilité des opinions individuelles est fort restreinte : celles-ci
en effet se réunissent en groupes peu nombreux pour réaliser,
autant qu'il est possible dans un domaine où règne la liberté,

l'unité du langage sans laquelle nous ne saurions échanger nos idées. Du reste, dans chaque branche des sciences naturelles, les divergences entre les groupes sont si peu nombreuses qu'il est incomparablement plus facile de savoir comment on parle dans le camp voisin que de connaître le vocabulaire de deux langues européennes ayant une commune origine.

L'exemple précédent montre que c'est peine perdue de vouloir lutter contre la règle fondamentale de la nomenclature moderne et de nous ramener aux procédés en usage au temps où vivait Aristote (1). Par l'exemple suivant on verra que tout changement inutile est condamné à l'avance.

Tournefort et Linné nous avaient enseigné que chaque être vivant doit être désigné d'abord par un nom générique arbitraire, significatif ou insignifiant, puis par une épithète spécifique exprimant un caractère différentiel. De cet énoncé, il résulte : 1° que, puisque le substantif générique est arbitraire, il suffit qu'il soit orthographiquement et grammaticalement correct; 2° qu'il ne faut pas changer, sans motif plausible, une épithète spécifique suffisamment expressive et non défectueuse, même pour en adopter une meilleure.

Dans un ouvrage très estimable à plusieurs égards *(Flore du département des Hautes-Pyrénées*, Paris, 1867), M. l'abbé Dulac s'est énergiquement élevé contre « l'abus consistant à tirer le substantif générique d'un nom de personne, ou à le composer au moyen d'un anagramme ». En conséquence, il remplace :

LES NOMS EN USAGE	PAR LES SUIVANTS
Knautia.	*Anisodens* (2), dent inégale.
Bartschia.	*Alicosta*, côte ailée.
Achillea.	*Alitubus*, tube ailé.

(1) Si Aristote, qui se plaisait à exposer à ses élèves la théorie du genre et de l'espèce, avait été conséquent avec ses principes philosophiques, il aurait largement employé la nomenclature binaire, au lieu de s'en servir d'une manière accidentelle, comme il l'a fait dans ses ouvrages zoologiques. Voyez sur ce sujet notre opuscule intitulé : *Quel est l'inventeur de la nomenclature binaire.* Paris, 1882.

(2) L'auteur a oublié la règle qui interdit l'accouplement d'un radical grec avec un

Hottonia.	*Breviglandium,* glande courte.
Swœrtia.	*Blepharaden,* glande ailée.
Orobanche.	*Catodiacrum,* entre le haut et le bas.
Veronica.	*Cardia,* en cœur.
Adonis.	*Cosmarium,* ornement.
Carlina.	*Chromatolepis,* écaille colorée.
Dianthus (1)	*Cylichnanthus,* fleur caliculée.
Gaudina.	*Cylichnium,* cupuliforme.
Tofielda.	*Cymba,* barque.
Seslera.	*Diptychum,* deux fois plié.
Vulpia.	*Distomomischus,* pédicelle ancipité.
Goodiera.	*Elasmatium,* labelle lamelleux.
Lonicera.	*Euchylia,* succulent.
Aronicum.	*Grammarthron,* caractère articulé.
Cotoneaster.	*Gymnopyrenium,* pyrène nu.
Sherarda.	*Hexodontocarpus,* fruit à six dents.
Montia.	*Laterifusum,* fendu par côté,
Gentiana.	*Lexipyreton,* chasse-fièvre.
Ramonda.	*Lobirota,* lobe en roue.
Gregoria.	*Macrotybus,* long tube.
Lobelia.	*Mecoschistum,* fendu en long.
Telephium.	*Merophragma,* division partielle.
Teucrium.	*Monochilon,* une seule lèvre.
Silene.	*Oncerum,* renflement.
Scheuchzera.	*Papillaria,* papilleux.
Zanichellia.	*Pelta,* bouclier.
Rhododendron.	*Plinthochroma,* couleur de brique.
Saussuria.	*Poecilotriche,* poils varriés.
Nardurus.	*Prophysis,* adhérence.
Dryas.	*Ptilotum,* plumeux.
Bellevallia	*Rhytidolobus,* lobe plissé.
Hyacinthus.	*Sarcomphalium,* ombilic charnu.
Centaurea.	*Setachna,* paillettes sétacées.
Rhaponticum.	*Stemmacantha* (2), couronne épineuse.

substantif latin. Il fallait dire : *Anisodon.* A ce propos, nous avouons que dans la table du *Catalogue des plantes vasculaires du bassin du Rhône,* nous avons répété à tort, après Linné et Villars, les noms *Saxifraga muscoidea* et *Hieracion pulmonarioideum.* Il fallait dire *S. muscosa* et *H. pulmonarifolium.*

(1) Corruption de *Diosanthos* (Fleur de Jupiter). On ne comprend pas pourquoi Linné, qui avait accepté le nom si harmonieux de *Diospyros,* n'a pas aussi conservé intact celui de *Diosanthos.* Peut-être eût-il mieux valu maintenir le nom de *Caryophyllus* en usage chez tous ses prédécesseurs, au lieu de transporter celui-ci au Giroflier.

(2) Ce nom, de même que deux des précédents *Grammarthron* et *Lobirota* est mal construit. La règle veut que l'adjectif ou le substantif attributif soit placé le

Narcissus.	*Stephanophorum*, porte-couronne.
Dethawia.	*Telolophus*, sommet et base.
Woodsia	*Trichocyclus*, cercle poilu.
Logfia.	*Xerotium*, sec.

Nous n'avons pas besoin d'ajouter que M. l'abbé Dulac a prêché dans le désert et qu'aucun des noms qu'il a pris la peine de fabriquer n'a été adopté. Bien plus, les excellentes corrections faites par M. Dulac à plusieurs épithètes spécifiques vicieuses sont restées aussi inconnues que les néologismes grecs qu'il avait inutilement substitués à un grand nombre de noms génériques. Comme on le voit, les novateurs sont parfaitement inoffensifs, au moins en matière de langage, et il n'y a pas lieu de pousser le cri d'alarme : *Caveant consules.*

C'est pourtant par crainte d'une anarchie imaginaire et impossible que nos modernes législateurs, répudiant les sages préceptes de la *Philosophia botanica* du grand réformateur de la nomenclature, sont venus proclamer qu'il n'existe pas d'autre règle que l'*usage* imposé par le bon plaisir des fabricants de noms. Suivant eux, les dénominations génériques et spécifiques sont entièrement arbitraires et doivent être considérées comme un assemblage insignifiant de lettres, de sorte qu'aucune d'elles, si incorrecte, absurde ou ridicule qu'elle paraisse, ne saurait être défectueuse. La seule chose importante dans la nomenclature des êtres vivants est la *fixité* des noms. C'est précisément pour assurer cette *fixité* que le Congrès de Bologne a décidé, en 1881, que le nom le plus ancien, adopté par Linné ou créé par celui qui, le premier, a *décrit* une espèce animale ou végétale non connue au temps de Linné, est le seul légitime. De son côté, M. Alph. de Candolle, dans ses *Nouvelles Remarques sur la nomenclature botanique*, publiées en 1883, soutient énergiquement la nécessité d'assurer la *fixité* des noms en déclarant inviolable la *loi de priorité.*

A la suite de ses *Remarques*, il donne une seconde édition

---

premier. *Acanthostemma* (couronne épineuse), *Arthrogramma* (lettre articulée). *Trocholobos* (lobe en forme de roue).

corrigée et augmentée des *Lois de la nomenclature botanique*.
Les additions principales sont les suivantes dont la lecture seule
atteste suffisamment le motif qui les a inspirées.

Art. 3. — « Le principe essentiel est de viser à la *fixité* des
noms. »

Art. 15 *bis*. — « La désignation d'un groupe n'a pas pour but
d'énoncer les caractères ou l'histoire de ce groupe, mais de donner
un moyen de s'entendre lorsqu'on veut en parler. »

Par cet article, M. Alph. de Candolle déclare formellement que
les noms doivent être considérés comme des étiquettes arbitraires
et insignifiantes; nous démontrerons plus loin que cette définition
ne saurait être appliquée à l'épithète spécifique et que celle-ci n'est
bonne qu'à la condition d'être expressive.

Art. 6. — « Les noms sont en langue latine. Quand on les tire
d'une autre langue, ils prennent des désinences latines, *à moins
d'exceptions consacrées par l'usage.* »

On pourrait donner à cet article la forme assez naïve que voici :
Les désinences des noms de plantes sont latines, à moins qu'elles
n'appartiennent à une autre langue. En effet, en ce qui concerne
les noms de genre, les exceptions à la loi comprennent plusieurs
milliers de noms grecs et des centaines de mots barbares empruntés
aux idiomes asiatiques, malais, africains et américains. Sur cinq
cent vingt-quatre noms génériques employés par les anciens botanistes grecs et dont nous avons donné la liste complète dans notre
ouvrage intitulé : *Réforme de la nomenclature botanique*,
(pages 78 à 108), deux cent trente ont été conservés sous leur
forme hellénique dans la nomenclature moderne, comme par
exemple : *Erigeron, Trapopogon, Ampelodesmos, Diospyros,
Anemone, Alsine, Styrax, Smilax, Ægilops, Serapias,
Thlaspi, Ammi, Seseli, Petasites, Isoetes*, et tant d'autres qu'il
serait trop long d'énumérer. Nous sommes surpris que lorsque
M. Alph. de Candolle est venu proposer aux botanistes réunis en
Congrès, en 1867, à Paris, l'adoption d'un article de loi dans lequel
il est dit que les noms de plantes sont en langue latine, personne
n'ait protesté contre une assertion aussi manifestement inexacte

et contredite d'ailleurs par la restriction qui la suit immédiatement.

Les exceptions à la susdite *Loi* sont assez nombreuses dans la nomenclature zoologique. Sur cinq cent soixante-cinq noms usités chez les anciens naturalistes grecs (voyez *Origines des sciences naturelles*, pages 73 à 100 et 111 à 121), trois cent soixante-quatre subsistent encore sous leur forme hellénique dans la nomenclature moderne ; tels sont, par exemple : *Arctomys*, *Perdix*, *Cerambyx*, *Pholas*, *Xiphias*, *Polypus*, *Chamæleon*, *Ichneumon*, *Rhinoceros*, *Buceros*, *Chelone*, *Psyche*, *Ibis*, *Otis*, *Corax*, *Castor*, et une multitude d'autres.

A ces cinq cent quatre-vingt-quatorze noms grecs, si l'on ajoute les milliers de noms génériques fabriqués par les botanistes et zoologistes modernes au moyen de mots helléniques nullement modifiés dans leur désinence, on reconnaît alors qu'on aurait dû s'abstenir de poser solennellement en principe que les noms génériques de plantes et d'animaux sont en langue latine, puisqu'on était obligé, pour n'être pas surpris en flagrant délit de mensonge, d'ajouter aussitôt cette restriction naïve : *à moins d'exceptions consacrées par l'usage*. Ne valait-il pas mieux constater franchement la vérité en rédigeant ainsi le sudit article 6 : Les noms génériques de plantes et d'animaux sont en langue grecque ou latine ; les épithètes spécifiques, quelle que soit leur origine, ont des désinences latines afin qu'on puisse commodément les décliner.

C'est encore la soumission aux faits accomplis qui a inspiré M. Alph. de Candolle lorsqu'il a rédigé les articles 21 et 22, en contradiction manifeste l'un avec l'autre :

Art. 21. — « Les familles sont désignées par le nom d'un de leurs genres, avec la désinence *aceae (Rosaceae, Ranunculaceae).* »

Art. 22. — « L'usage justifie les exceptions suivantes : *Salicineae, Tamaricineae, Berberideae, Hydrocharideae, Cruciferae, Leguminosae, Guttiferae, Umbelliferae, Compositae, Labiatae, Cupuliferae, Coniferae, Palmae, Gramineae, Lythrarieae, Violarieae.* »

L'article 28 recommande « d'éviter les noms adjectifs dans la

composition des noms de genre ». Qu'importe, puisque comme le
dit, avec raison cette fois, M. Alph. de Candolle, ils sont arbitraires ?

Article 31. — « Le nom spécifique est le plus ordinairement un
adjectif indiquant quelque chose de l'apparence, des caractères ou
des propriétés de l'espèce. »

Cependant par les articles 32 et 34, on déclare parfaitement recevables les épithètes spécifiques tirées d'un nom d'homme ou les
anciens substantifs génériques *(Coronilla Emerus)*. L'article 31
est d'ailleurs en contradiction manifeste avec l'article additionnel
15 *bis*, où il est dit que « la désignation d'un groupe n'a pas pour
but *d'énoncer les caractères ou l'histoire de ce groupe*, mais
de donner un moyen de s'entendre lorsqu'on veut en parler ».
Dans le commentaire (page 17 des *Nouvelles Remarques)*, M. Alph.
de Candolle a soin d'expliquer qu'un nom est une simple étiquette
dont la signification n'a aucune importance.

S'il en est ainsi, nous ne comprenons pas pourquoi M. Alph.
de Candolle conseille par l'article 36 « d'éviter les noms spécifiques qui expriment un caractère commun à toutes ou presque
toutes les espèces du genre ». Ce scrupule est inconcevable de la
part de l'auteur de l'article 15 *bis* des *Lois*, déclarant que « la
désignation d'un groupe (famille, genre, espèce), n'a pas pour but
d'énoncer un caractère, mais de donner un moyen de s'entendre
lorsqu'on veut en parler ». Au surplus, en pareil cas, on peut user
du stratagème indiqué par MM. Ascherson, Douvillé, Alph. de Candolle, et qui consiste à considérer les noms vicieux comme un assemblage insignifiant de lettres prises au hasard ; c'est précisément le
parti qu'avaient déjà adopté les zoologistes américains consultés par
M. Dall sur le cas suivant : le poisson appelé *Polyodon* (beaucoup
de dents) est entièrement dépourvu de dents, faut-il changer ce
nom en *Spatularia*, comme on l'a proposé ? — Non, ont répondu
bravement vingt-huit naturalistes sur quarante -un consultés. C'est
ainsi que, jusqu'à nouvel ordre, le principe de la *fixité* a été mis
sur la terre américaine hors des atteintes des révolutionnaires.

L'article 36 des *Lois* recommande « d'éviter les noms spécifi-

ques composés de deux mots, ainsi que ceux qui forment pléonasme
avec le sens du nom de genre ». Cependant à la page 42 des *Nouvelles Remarques*, M. Alph. de Candolle déclare qu'il faut conserver ceux qui sont entachés de ces défauts, et nous reproche
vivement de les avoir ridiculisés. Ces sortes de noms sont mauvais,
donc, avons-nous-dit, il faut les changer. Comme nous, M. Alph.
de Candolle les trouve défectueux; néanmoins, suivant lui, il faut
les garder. Nous croyons pouvoir ajouter, sans vanterie, que la
logique est de notre côté. A quoi bon donner des conseils, s'il est
permis de ne pas les suivre ; pourquoi édicter des lois, si le premier
venu peut les violer? Toute loi doit, à notre avis, être suivie d'une
sanction qui en assure le respect, et en pareille matière, la pénalité
consiste à déclarer que tout nom vicieux peut être remplacé par un
autre exempt de défauts. Au surplus, comme la plupart des espèces
végétales sont actuellement connues, et que sauf parmi les cryptogames inférieures, il ne reste plus à distinguer que des formes
confondues sous une trop large désignation, ce ne serait pas la
peine d'établir un code pour quelques milliers d'expressions à créer
dans l'avenir, alors que des centaines de mille y échapperaient.
Les *Lois* de la nomenclature des êtres vivants n'ont de valeur
réelle que si elles ont un effet rétroactif.

Art. 66. — « Un nom de genre doit subsister tel qu'il a été
fait, à moins qu'il ne s'agisse de corriger une erreur typographique. La désinence d'un adjectif latin de nom d'espèce peut être
modifiée pour la faire accorder avec le nom générique ».

Complètement d'accord sur ce point avec M. Alph. de Candolle,
nous concluons que les botanistes qui attendaient son avis pour
savoir comment ils devaient parler ne devront plus avoir aucun
scrupule à adopter les corrections suivantes : *Aetheonema* (au
lieu de Æthionema), *Abiga* (Ajuga), *Abrotonon* (Abrotanon),
Bartschia (Bartsia), *Centrophyllon* (Kentrophyllon), *Catanance*
(Catananche), *Chaerephyllon* (Chaerophyllon), *Coralliorrhiza*
(Corallorhiza), *Dracontocephalon* (Dracocephalon), *Gerontopo-
gon* (Geropogon), *Leonturos* (Leonuros), *Malacion* (Malachium),
Potamogiton (Potamogeton), *Pycnocomon* (Picnomon), *Xatarta*

(Xatardia), *Androsaces* (Androsace), *Hippophaes* (Hippophae), etc.

Suivant nous, le mot « erreur typographique » doit être entendu dans le sens le plus large et s'appliquer non seulement aux fautes typographiques, mais encore aux *lapsus calami* des auteurs et même des copistes avant l'invention de l'imprimerie.

Puisque M. Alph. de Candolle permet de faire accorder l'adjectif spécifique avec le substantif générique, ainsi que du reste le prescrit une règle bien connue de la grammaire latine, on n'hésitera pas à dire : *Galion cruciatum* (au lieu de G. Cruciata), *Polygonon bistortum* (P. Bistorta), *Ranunculus chærephyllus* (R. Chaerophyllos), *Erodion malachoideum* (E. malachoides), etc.

Dans la première édition des *Lois*, publiée en 1867 et approuvée par le Congrès des botanistes, les noms hybrides formés par l'association de deux mots appartenant à des langues différentes avaient été déclarés non recevables (art. 60, § 4). En conséquence, on avait alors le droit, par exemple, de changer l'adjectif *ranunculoides* composé du substantif latin *Ranunculus* et de la terminaison grecque *oides* (semblable à), et de dire *Anemone ranunculiflora* au lieu de *A. ranunculoides*.

Cette faculté a été retirée en 1883 dans la seconde édition publiée à Genève. M. de Candolle, de sa propre autorité, a supprimé le paragraphe proscrivant les noms bilingues, « parce que, dit-il, un grand nombre de mots de cette sorte sont acceptés par le public et même par les puristes les plus scrupuleux ». Parmi ces mots il cite : *archichancelier, bureaucratie, décimètre, hectare.*

On pourrait répondre que, lorsqu'il s'agit du langage vulgaire, les puristes sont bien obligés de subir ce qu'ils ne peuvent pas empêcher ; mais en ce qui concerne le langage scientifique à l'usage de quelques milliers d'hommes instruits, ils déclarent que toute infraction aux règles inviolables de la grammaire doit être sévèrement condamnée. Tel est du reste l'avis de Linné, Fabricius, Aug. Pyr. de Candolle (1), Strickland, Agassiz, Hermannsen,

____

(1) « Il est, dit A. P. de Candolle, une autre règle si simple qu'elle mérite à peine d'être indiquée, c'est qu'il faut que les noms soient formés d'après les règles de la

2

Bourguignat, Dall et Chaper, qui tous ont formellement déclaré que les lois de la grammaire sont antérieures et supérieures au principe de la *fixité* des noms.

Certes, le bonhomme Chrysale avait bien raison de s'indigner contre sa pédante moitié qui ne pouvait souffrir que la cuisinière Martine violât les règles de la grammaire :

> Qu'importe qu'elle manque aux lois de Vaugelas,
> Pourvu qu'à la cuisine elle ne manque pas.
> J'aime bien mieux, pour moi, qu'en épluchant ses herbes
> Elle accommode mal les noms avec les verbes,
> Et redise cent fois un bas et méchant mot
> Que de brûler ma viande ou saler trop mon pot.
> Je vis de bonne soupe, et non de beau langage.
> Vaugelas n'apprend point à bien faire un potage :
> Et Malherbe et Balzac, si savants en beaux mots,
> En cuisine, peut-être, auraient été des sots.

Assurément cette pauvre Martine, qui n'avait pas été appelée à jouir des bienfaits de l'instruction obligatoire, était excusable d'ignorer les règles du beau langage. Mais si elle avait eu la prétention de composer un Traité de cuisine, nul doute que son maître Chrysale ne lui eût dit : Ma mie, ne forcez point votre talent, et si vous voulez écrire, allez d'abord à l'école pour y apprendre les règles de la grammaire et la valeur des mots.

A notre tour, nous dirons aux naturalistes qui, malgré leur ignorance des principes fondamentaux des langues grecque et latine, s'avisent de nommer les plantes et les animaux : Vous êtes peut-être d'excellents observateurs, mais comme il n'est donné à aucun homme de tout savoir, ne craignez pas, lorsque vous voudrez créer des noms nouveaux, de demander l'avis d'un philologue expérimenté. En agissant ainsi vous n'encombrerez pas la science de locutions impropres et incorrectes qu'on sera obligé de rejeter, et vous assurerez, pour le fond et la forme, une plus longue durée à vos œuvres.

grammaire générale. Il n'est pas permis, par exemple, de composer un nom moitié grec, moitié latin, comme *aculeaticarpa*, alors qu'il est si facile de dire correctement *acanthocarpa*. » *(Théorie élémentaire de la botanique*, p. 258.)

Plusieurs d'entre nous ont connu à Lyon un botaniste nommé
Chabert, qui était savetier de son état. — Oh! dira-t-on, c'était de
la part de cet homme grande outrecuidance de vouloir étudier une
science dont le langage est tout hérissé de mots grecs et latins, et
certainement il n'avait jamais entendu citer la vieille maxime :
Ne sutor ultra crepidam. Cette fois le proverbe était en défaut,
car Chabert était un observateur hors ligne. Ayant eu occasion
d'examiner longuement et minutieusement son herbier, nous n'y
avons pas constaté une seule erreur de détermination et, ce qui
est plus extraordinaire, nous y avons trouvé écrites de sa main,
en un style et avec une orthographe de la plus haute fantaisie, des
remarques d'une incroyable justesse sur plusieurs formes nouvelles
que d'autres, plus experts dans la connaissance du langage technique, ont décrites et nommées. Cependant, las de tirer les mar-
rons du feu pour les habiles, Chabert avait gardé en réserve quelques espèces qu'il avait décrites en un idiome français inconnu des
philologues et auxquelles il avait imposé des appellations tirées
d'une langue latine de son invention. Les étiquettes de l'herbier
Chabert pourraient servir à constituer un vocabulaire du latin de
savetier destiné à remplacer le latin de cuisine dont les éléments
n'existent nulle part, quoique beaucoup de gens en parlent sans le
connaître.

C'est grand dommage que Chabert soit mort, d'abord parce que
c'était un excellent homme et un botaniste expérimenté, et en
second lieu parce que nous avons ainsi perdu l'occasion d'éditer
ses œuvres, afin de démontrer par l'absurde, comme disent les
mathématiciens, à quelles conséquences peut conduire le principe
de la *fixité* des noms fondée sur la *priorité*. Nous aurions été
curieux de savoir quel biais on aurait imaginé pour refuser à cet
inventeur, plus sérieux au fond que beaucoup d'autres, le droit
imprescriptible d'imposer son langage aux générations présentes
et futures. Au surplus qu'on ne vienne pas nous accuser d'avoir
choisi à dessein le cas d'un naturaliste complètement illettré, car
la quantité des solécismes et des barbarismes ne change rien à
l'affaire, et il nous serait facile de cueillir dans la liste des noms de

plantes et d'animaux adoptés par l'illustre auteur du *Systema naturæ*, qui pourtant connaissait très bien la langue latine et passablement la langue grecque, des centaines de locutions incorrectes, de barbarismes et de solécismes, les uns volontaires comme *Galium Cruciata*, *Polygonum Bistorta*, les autres résultant d'une distraction de l'auteur ou d'une faute typographique, comme *Catananche* pour *Catanance*, *Zanthoxylon* pour *Xanthoxylon*, *Cucubalus bacciferus* pour *C. baccifer*, *Camphorosma monspeliaca* pour *C. monspeliacum*, *Orchis maculata* pour *O. maculatus*, etc.

Qu'on s'appelle Linné ou Chabert, on est tenu, au moins autant que les élèves des écoles et des lycées, à l'observation rigoureuse des règles de l'orthographe et de la grammaire. Par conséquent, tout nom construit contrairement à ces règles essentielles peut et doit être corrigé. Quoi qu'en disent nos législateurs, les barbarismes, les solécismes, les mots hybrides, les pléonasmes, sont des vices intolérables dans un langage scientifique et doivent être considérés, aussi bien que les fautes d'orthographe, comme un des *motifs graves* de réforme dont il est question dans l'article 16 des *Lois* (1).

En résumé, nous concluons que la Grammaire :

> Qui sait régenter jusqu'aux rois
> Et les fait, la main haute, obéir à ses lois,

ainsi que le proclamait avec raison Philaminte, est un Code s'appliquant aussi bien au vocabulaire scientifique qu'au langage vulgaire. Nous osons ajouter que les savants qui, sous un prétexte quelconque, voudraient se soustraire à ses règles ne feraient pas preuve de bon goût.

---

(1) « Nul ne doit changer un nom ou une combinaison de noms sans des motifs graves. »

II

FONCTION DE L'ÉPITHÈTE SPÉCIFIQUE

La prétention d'*immobiliser* définitivement le langage est si manifestement en opposition avec le caractère *mobile* de l'esprit humain, avec les enseignements de l'histoire de la linguistique, et surtout avec notre ardent amour de liberté, qu'il était nécessaire, pour la justifier, de présenter une théorie au moins spécieuse du rôle de la nomenclature des êtres vivants. Voici celle qu'en a inventée pour le besoin de la cause : « Les noms n'ont pas de valeur expressive ; ils sont des étiquettes arbitraires et sans signification créées dans le seul but de désigner un objet afin de pouvoir nous entendre. »

Cette théorie est exacte lorsqu'il s'agit des noms génériques, surtout en ce qui concerne les noms de plantes et d'animaux connus dès la plus haute antiquité. Les mots *Ranunculus*, *Helleboros*, *Aquila*, *Canis* peuvent être, *ad libitum*, insignifiants ou significatifs, et même dans ce dernier cas il ne faut pas attacher d'importance à l'idée qu'ils expriment, car généralement cette idée manque de précision. C'est ainsi, par exemple, que le nom de *Ranunculus*, dérivé de *Rana* (grenouille) pourrait convenir à toutes les plantes aquatiques. En outre, cette expression, qui d'abord ne s'appliquait qu'aux diverses formes de *Ranunculus aquatilis* (section *Batrachion*), a été étendue à une multitude d'autres espèces vivant dans les bois ou dans les pâturages secs.

Il n'en est pas de l'épithète spécifique comme du nom générique. Ainsi que l'ont dit avec raison Tournefort et Linné, la dénomination spécifique n'est valable que si elle exprime un caractère différentiel. Grâce à cette loi fondamentale, la nomenclature des êtres vivants est devenue une œuvre vraiment scientifique et a cessé d'être un ramassis hétérogène de mots bizarres, absurdes, ridicules

et tout à fait indignes d'hommes intelligents. En outre, les épithètes expressives ont l'avantage d'être facilement retenues par la
mémoire et d'éveiller dans notre esprit, au moyen de l'énoncé
d'un attribut et par le fait psychologique de l'association des idées,
l'image de l'objet qu'on a l'intention de désigner. Lorsque, par
exemple, on prononce le nom d'*Eriophoron capitatum* (Host),
on évoque aussitôt en nous le souvenir de l'élégante chevelure
d'un blanc soyeux qui se dresse au sommet de la tige d'une Cypé-
racée vivant dans les marais tourbeux des hautes montagnes.
L'adjectif *capitatum* forme d'ailleurs un saisissant contraste avec
celui de *polystachyum* (plusieurs épis) qui sert à caractériser une
autre espèce du même genre. Que si, sous prétexte de respect de la
priorité, on emploie, au lieu de la dénomination d'*Eriophoron
capitatum*, celle d'*Eriophoron Scheuchzeri* (Hoppe), nous
sommes obligés de faire un effort considérable de mémoire puisqu'il
n'existe aucun rapprochement possible entre le nom du fondateur
de l'Agrostologie et l'une quelconque des espèces qu'il a su distinguer. Au surplus, il importe de ne pas oublier que la nomenclature est faite pour nommer les plantes et non pour en retracer
l'histoire, ainsi que l'a fort bien compris M. Alph. de Candolle
lorsqu'il a ajouté à l'article 15 des *Lois* la phrase suivante :
« La désignation d'un groupe (Classe, Cohorte, Famille, Tribu,
Genre, Espèce) n'a pas pour but d'énoncer les caractères ou
l'histoire de ce groupe, mais de donner un moyen de s'entendre
quand on veut en parler. » Il est certain, en effet, que nous ne
saurions faire, en deux mots, la description complète ainsi que
l'histoire d'une plante ou d'un animal. Le but de la nomenclature
est bien celui qu'indique M. Alph. de Candolle : d'où il suit que la
tâche du législateur consiste à choisir le système mnémonique qui
offre la plus grande facilité pour l'atteindre.

Le meilleur critérium pour établir une comparaison entre les
divers systèmes de nomenclature est assurément d'appliquer chacun d'eux aux mêmes cas. C'est pourquoi, à titre d'exemple, nous
présentons dans le tableau suivant la liste de quelques *Ranunculus* de la Flore française : 1° d'après la méthode numérique

souvent employée dans les écrits des botanistes du xvie siècle, les Mathiole, Dodoens, de l'Écluse de l'Obel, Daléchamps *(primus, alter, tertius, quartus,* etc.)* ; 2° d'après le système des dénominations insignifiantes en choisissant quelques-unes de celles qui ont été adoptées soit dans le genre *Ranunculus,* soit en d'autres genres ; 3° d'après le système des épithètes expressives conformément à la règle formulée par Tournefort, Linné et Lamarck.

NOMS INSIGNIFIANTS (1)	NOMS EXPRIMANT UN CARACTÈRE BOTANIQUE
Numéros d'ordre RANUNCULUS	FORME DES FEUILLES
1. *Catechu.*	*hederaceus* ou *hederifolius,* à f. de Lierre.
2. *Kataf.*	*tripartitus,* trois parties.
3. *Niopo.*	*trichophyllus,* capillaire.
4. *Cucuru.*	*divaricatus,* divariquée.
5. *Thora,* L.	*renifolius,* réniforme.
6. *Carambola*	*aconitophyllus,* à feuille d'Aconit.
7. *Chamlagu.*	*platanophyllus,* à feuille de Platane.
8. *Macoucou.*	*lacerus* ou mieux *laciniatus,* lacinié.
9. *Malugu.*	*parnassiophyllus,* à feuille de Parnassie,
10. *Warakabour*	*amplexicaulis,* embrassant la tige.
11. *Caragane.*	*angustifolius,* étroite.
12. *Farek.*	*bupleurophyllus,* feuille de Buplèvre.
13. *Maqui.*	*plantagineus,* feuille de Plantain.
14. *Chekan*	*gramineus,* graminiforme.
15. *Samboc.*	*lanceolatus,* lancéolé.
16. *Sitsisam.*	*longifolius,* longue.
17. *Niruri.*	*apiophyllus* (2), feuille de Céleri.
18. *Bonduc.*	*bullatus,* boursoufflée.
19. *Bilitbitan.*	*cyclophyllus,* circulaire.
20. *Apoucouita.*	*albicans,* blanchâtre.
21. *Madrunno.*	*chaerephyllus,* feuille de Cerfeuil.
22. *Asak.*	*trilobatus,* trois lobes.
23. *Tibourbou.*	*ophioglossophyllus,* feuille d'Ophioglosse.
24. *Cattimandoo.*	*rutifolius,* feuille de Rue.

(1) Il est possible que les noms barbares énumérés dans cette liste aient un sens pour les Arabes, les Chinois, les Malais, les Mexicains, les Péruviens et les Hottentots, mais pour nous ils n'en ont aucun, et c'est précisément à ce titre que nous les choisissons pour le besoin de notre démonstration.

(2) Les épithètes *lanceolatus, longifolius* et *apiophyllus* employées dans l'admirable *Pinax* de Gaspard Bauhin sont incomparablement préférables à celles de *Flammula, Lingua* et *Scelerata,* en usage dans la nomenclature linnéenne des Renoncules.

		CARACTÈRE DES FLEURS ET DES FRUITS
25.	*Bilimbi.*	*parviflorus* (petitesse).
26.	*Tecomaca.*	*lateriflorus* (inflor. latérale).
27.	*Calaco.*	*nodiflorus* (insertion nodale).
28.	*Sapan.*	*auricomus*, jaune doré.
29.	*Seguieri*, Vill.	*dasycarpus*, fruit velu.
30.	*Villarsii*, D C.	*aduncus*, fruit à bec recourbé.
31.	*Chingoyo.*	*muricatus*, hérissé de pointes.

		ASPECT DE LA TIGE ET DES RACINES
32.	*Gouani*, Willd.	*villosissimus*, très velue.
33.	*Petiveri* (Koch).	*hololeucus*, tout blanc.
34.	*Rarak*	*repens*, rampante.
35.	*Figo.*	*demissus*, déjetée.
36.	*Pandacaki.*	*bulbosus*, renflée.

Afin de ne pas lasser la patience du lecteur, nous nous abstenons de soumettre à la même épreuve les cent soixante autres Renoncules connues. Il nous eût été facile de cueillir dans la nomenclature pareil nombre de noms baroques pour les mettre en regard des épithètes expressives que plusieurs botanistes ont eu le bon goût de choisir.

Ne voulant pas élargir la question au delà de l'objet que nous avons actuellement en vue, et afin de ne pas créer des mots nouveaux (ce qui d'ailleurs ne nous embarrasserait point), nous avons omis de mentionner les Renoncules affectées d'épithètes géographiques, telles que *pyrenæus, alpestris, neapolitanus, monspeliacus*, ainsi que les désignations banales, comme *montanus, arvensis, nemorosus, palustris, philonotis, cœnosus, lutulentus, fluitans*. Toutes ces éphithètes ont le défaut de ne pas être empruntées à des caractéres botaniques. En outre, celles qui rappellent la patrie présumée sont entièrement hypothétiques et en désaccord avec ce que nous savons de la dispersion actuelle des susdites espèces. Les *Ranunculus pyrenæus* et *alpestris* sont à peu près également distribués dans les Alpes et dans les Pyrénées. La Renoncule que Linné croyait particulière aux environs de Montpellier est largement répandue sous ses diverses formes dans le midi de la France d'où elle remonte jusqu'à Lyon ; on la trouve aussi en Sicile et dans le nord-est de l'Espagne.

Il est vraiment inconcevable que Linné, négligeant l'application de la règle qu'il avait lui-même formulée dans sa *Philosophia botanica* au sujet de la prohibition des épithètes géographiques, ait pu employer une désignation aussi banale que celle de *Trol-lius europæus*, alors qu'il était si simple de conserver l'adjectif *globosus* dont s'étaient servi ses prédécesseurs, Dodoens, de L'Obel, Besler, Gerard, G. Bauhin et J. Bauhin.

Pareille observation s'applique à plusieurs autres espèces appartenant aux genres *Evonymus, Trientalis, Lycopus, Ulex, Cyclaminos, Asaron*, et qui toutes ont reçu la qualification peu caractéristique *europæus*, donnée aussi, comme nous venons de le dire, à la Boule d'or des prairies de montagne.

Les épithètes géographiques n'étant ni fausses ni ridicules peuvent être provisoirement tolérées. Nous laissons à nos successeurs le soin de les changer quand ils le jugeront opportun. Présentement nous avons un assez gros lot de réformes urgentes pour que nous devions par prudence négliger cette complication qui nuirait au succès de l'œuvre.

A titre de complément de démonstration, nous énumérons ci-après quelques exemples d'épithètes insignifiantes et nous mettons en regard leurs synonymes expressifs.

Anemone baldensis, L.	*A. fragifera*, WULF.
Pulsatilla Halleri, SPRENG.	*P. sericea.*
Aconiton Anthora,	*A. tuberosum.*
Trollius europaeus, L..	*T. globosus*, C. BAUHIN.
Sisymbrion Sophia, L.	*S. parviflorum*, LAM.
Cardamine Plumerii, VILL.	*C. thalictroidea*, ALL.
Erucastrum Pollichii, SPERM.	*E. bracteatum*, G. G.
Lychnis Flos Cuculi, L.	*L. laciniata*, LAM.
Ononis Columnae, ALL.	*O. parviflora*, LAM.
Centranthos Calcitrapa, DUFR.	*C. pinnatifidum.*
Peucedanon Cervaria, L.	*P. glaucum*, GAUDIN.
Eryngion Bourgati, GOUAN.	*E. amethystinum*, LAM.
Campanula Medium, L.	*C. grandiflora*, LAM.
C. Trachelium, L.	*C. urticifolia*, LAM.
C. Allionii, VILL.	*C. nana*, LAM.
Urospermon Dalechampii, DESF.	*U. grandiflorum*, DAL.
Gregoria Vitaliana, DUBQ.	*G. lutea*, LAM.

Betonice Alopecuros, L.	*B. flava.*
Leonturos Cardiaca, L.	*L. trilobatus*, LAM.
Dracontocephalon Ruyschiana, L.	*D. integrifolium.*
Plantago Cornuti, GOUAN.	*P. altissima*, LOIS.
Passerina Tarton-Raira, D. C.	*P. candicans.* LAM.
Euphorbion Characias, L.	*E. purpureum*, LAM.
E. Chamaesyce, L.	*E. nummularium*, LAM.
Iris pseudoacoruss, L.	*I. lutea*, LAM.
Juncus Jacquini, L.	*J. atratus*, LAM.
Carex Halleriana, ASSO.	*C. gynobasis*, VILL.
Festuca Scheuchzeri, GAUD.	*F. nutans.* HOST.
Trisetum Gaudinianum, BOISS.	*T. sericeum.*
Alopecuros Gerardi, VILL.	*A. capitatus*, LAM.
Sphenopus Gouani, TRIN.	*S. divaricatus*, RCHB.

Ces exemples suffisent à notre démonstration, attendu que le lecteur peut aisément supposer que toute la nomenclature botanique est construite d'une manière uniforme, suivant l'un des trois systèmes.

Le système des numéros d'ordre est évidemment le plus mauvais, car, ainsi que le disait avec raison Tournefort, les chiffres ne représentent rien à l'esprit, et d'ailleurs pour certains genres, comme les *Hieracion*, *Rubus*, *Rosa*, *Carex*, comprenant des centaines d'espèces, il serait impossible de garder le souvenir de l'attribution de chaque numéro. Il en serait de même si, au lieu de chiffres, on employait des lettres suivant le système de notation inventé par Adanson, et dont voici un spécimen :

Rosa-a, Rosa-e, Rosa-i, Rosa-o, Rosa-u.
Rosa-ba, R.-be, R.-bi, R.-bo, R.-bu.
Rosa-ca, R.-ce, R.-ci, R.-co, R.-cu.

et ainsi de suite en combinant successivement toutes les consonnes avec les cinq voyelles.

Sans nous arrêter plus longtemps au système de notation par chiffres ou par lettres qui n'est plus soutenu par personne, il s'agit de choisir entre les deux autres, c'est-à-dire entre le système des noms insignifiants et celui des noms expressifs.

La nomenclature est-elle destinée à servir à des perroquets ne

sachant pas ce qu'ils disent, ou à des êtres raisonnables ? Dans le
mier cas, les noms insignifiants méritent la préférence parce que
la prononciation est plus facile : il est certain que les mots *Kataf
Farek, Sapan*, sonnent bien à l'oreille.

Dans le second cas, le seul système admissible est celui des épithètes rappelant un caractère organique à l'aide duquel, par l'association des idées, s'éveille dans l'esprit l'image exacte des attri-
buts d'une plante ou d'un animal. Telle est, ce nous semble, la
conclusion à laquelle se rallieront tous les naturalistes qui estiment
que, dans les sciences physiques et biologiques, le langage doit
être adéquat aux idées, afin que la mémoire puisse en garder le
souvenir. Quel est celui de nous qui ne préférera *Phyteuma urti-
cifolium* (feuille d'ortie) à *P. Charmelii, — Chamaepeuce tri-
spinosa* à *Ch, Casabonae* ? Enfin quel est l'homme sensé qui
n'approuvera Villars d'avoir remplacé l'expression insignifiante de
Carex Halleriana par celle de *C. gynobasis* rappelant aussitôt
à notre esprit que le *Carex* dont il est question est remarquable
par ses épis femelles portés sur des pédoncules partant de la
base.

L'utilité des épithètes expressives est si manifeste que, par l'article 32 des *Lois*, M. Alph. de Candolle veut « que le nom spécifique (lequel est ordinairement un adjectif, art. 31), indique
quelque chose de l'apparence et des caractères de l'espèce ». Au
lieu de s'en tenir à cette recommandation, la seule vraiment utile,
l'auteur des *Lois* ajoute : « quelque chose de l'origine, de l'histoire
ou des propriétés de l'espèce » ; .. puis à l'article 34 : « Le nom
spécifique peut-être un ancien nom de genre ou un nom propre
substantif. » Cette addition malheureuse avait évidemment pour
but de légitimer le fait accompli de la création d'une multitude de
noms insignifiants. C'est ainsi que la crainte d'apporter une perturbation aux usages établis a fait perdre à l'auteur des *Lois* la notion
exacte du rôle de l'épithète spécifique et des conditions qu'elle
doit présenter pour remplir convenablement la fonction en vue de
laquelle elle a été instituée.

Sans doute, comme le dit M. Alph. de Candolle, « une désignation

de groupe est un moyen de *s'entendre* lorsqu'on veut en parler »
(art. 15 *bis*) ; toutefois il ne s'agit pas seulement pour les natura -
listes de *s'entendre entre eux*, mais il importe aussi que chacun
s'entende lui-même sur la valeur des mots. Il est incontestable
que la collection des épithètes spécifiques serait un galimatias in-
compréhensible et impossible à retenir si elle se composait de mots
insignifiants. D'où il suit que l'épithète spécifique, pour être valable,
ainsi que le disaient Linné et Tournefort, doit exprimer un caractère différentiel ; sinon, elle n'a pas de raison d'être et alors mieux
vaudrait renoncer à la nomenclature binaire. Si Thiers, l'illustre
président de la République française, avait été naturaliste, il n'aurait
pas manqué de dire : « L'épithète spécifique sera expressive ou
elle ne sera pas. »

L'histoire des sciences montre que l'insignifiance des noms est
pour chaque branche des connaissances humaines la marque caractéristique de la période d'enfance, tandis que l'*expressiveté*, si l'on
veut permettre ce néologisme, est un témoignage certain de leur
état de maturité. On chercherait en vain aujourd'hui un chimiste
qui, par un étrange « anachronisme », demanderait le retour aux
anciennes dénominations, telles que *Vert de Scheele* (Arsénite de
cuivre), *Sel de Saturne* (Acétate de plomb), *Sel de Glauber*
(Sulfate de soude), *Sel de Duobus* (Sulfate de potasse), *Sel d'Ep-
som* (Sulfate de magnésie), *Sel d'oseille* (Quadroxalate de potasse),
Liqueur fumante de Libavius (Deuto-chlorure d'étain), *Liqueur
de Lampadius* (Bisulfure de carbone), *Esprit de Mindérerus*
(Acétate d'ammoniaque), *Esprit volatil de corne de cerf* (Carbo-
nate d'ammoniaque), *Vitriol de Mars* (Sulfate de protoxyde de
fer), *Vitriol de Chypre* (Sulfate de bioxyde de cuivre), *Foie de
soufre* (Sulfure de potassium), etc., etc.

Les quatre savants français qui nous ont débarrassés de ce langage primitif, en créant la nomenclature chimique, l'un des plus
admirables chefs-d'œuvre de l'esprit humain, ont contribué plus
qu'ils ne le supposaient eux-mêmes aux progrès des sciences. En
effet, pour peu qu'on y réfléchisse, on comprendra l'importance
de formules susceptibles de recevoir une précision mathématique

et exprimant sous une forme aussi concise que possible le mode d'association des éléments minéraux et organiques.

La *forme* est à la nomenclature des êtres vivants ce que la *composition élémentaire* est à la nomenclature chimique. Assurément les dénominations tirées de la forme des plantes ou des animaux ne peuvent atteindre le degré de précision des formules chimiques, puisqu'elles sont réduites à l'expression d'un seul caractère ; toutefois il importe de ne pas oublier que l'énoncé d'un attribut éveille, par association d'idées, l'image complète de l'objet ; de sorte qu'une épithète spécifique bien choisie est pour l'intelligence l'évocation d'un ensemble de souvenirs.

Nous tenons donc pour certain que les épithètes expressives sont indispensables pour construire sur un plan régulier l'édifice de la nomenclature des êtres vivants, et nous sommes heureux de constater que notre opinion sur ce point de doctrine est entièrement conforme à celle qu'a exprimée l'un des plus grands naturalistes des temps modernes. Voici ce que dit Lamarck dans le discours préliminaire de la *Flore française* : « Les noms génériques doivent être le moins significatifs qu'il est possible, parce que, le plus souvent, le caractère qu'ils exprimeraient ne convient pas à toutes les espèces comprises dans le genre. Au contraire, les noms spécifiques, qui ont un objet déterminé, *doivent toujours être significatifs* et exprimer autant que possible, quelque caractère apparent et surtout exclusif des espèces qu'ils désignent. Cette condition est observée dans les noms suivants : *Menyanthes trifolia*, *Prunus spinosa*. Au contraire *Euphorbia antiquorum* et *officinarum*, *Cortusa Matthioli*, *Gratiola Monnieri*, *Evonymus europæus*, *Laurus nobilis*, sont très défectueux. »

Aug. Pyr. de Candolle, en reproduisant ce passage dans la troisième édition de la *Flore française*, a donné implicitement son approbation à la doctrine qui s'y trouve exprimée. Il est regrettable qu'il ne l'ait pas rigoureusement appliquée dans son *Prodromus*.

La valeur mnémonique des épithètes expressives est si évidente, que tous les législateurs de la nomenclature n'ont pu échapper à la nécessité de mettre au premier rang ces sortes de noms spécifiques, et il est hors de doute que, s'ils n'avaient été préoccupés de légitimer les faits accomplis, ils auraient sans hésitation déclaré qu'elles sont les seules admissibles. En pareille matière, le procédé reconnu le meilleur ne doit-il pas être considéré comme la règle ?

Il ne nous a pas paru suffisant de constater la préférence des législateurs pour les épithètes expressives, car ceux-ci ne forment qu'une infime minorité, au milieu du nombre considérable des naturalistes qui ont créé les noms de plantes et d'animaux. Afin de compléter la démonstration, nous avons consulté le suffrage universel en dressant un tableau des noms de plantes en quatre colonnes contenant, la première les épithètes qui expriment un attribut de l'espèce, la seconde les désignations tirées d'un nom d'homme, la troisième les indications géographiques, enfin, la quatrième les noms dont la signification nous est inconnue, comme ceux qu'on a empruntés aux langues barbares de l'Asie, de la Malaisie et de l'Amérique *(Niopo, Mangium, Chamlagu,* etc.), ou les anciens substantifs devenus noms spécifiques dans la nomenclature bi-nominale *(Ilex, Toza, Cerris, Sabina, Emerus, Beccabunga, Irio, Tinus,* etc.).

Afin d'établir cette statistique, travail de longue patience, nous avons passé en revue, pour les plantes phanérogames, les vingt-deux volumes publiés jusqu'à ce jour du *Prodromus regni vegetabilis* par A. Pyr. de Candolle et ses continuateurs, les cinq volumes et suppléments de l'*Enumeratio plantarum,* par Kunth ; — pour les Cryptogames vasculaires, le *Nomenclator der Gefäss-cryptogamen,* par Salomon, pour les Muscinées, les *Synopsis muscorum,* par Müller et par Schimper ;— pour les Champignons, le *Nomenclator Fungorum,* par Streinz ; — pour les Lichens l'*Enumeratio lichenum,* par Schaerer, et le *Parerga* de Kœrber ; enfin pour les Algues, les ouvrages de Kützing, Rabenhorst et Agardh.

A l'aide de ces documents nous avons examiné quatre-vingt-dix-sept mille trois cent cinquante-six noms spécifiques de plantes. Le nombre aurait été beaucoup plus considérable, notamment en

ce qui concerne les Phanérogames, si au lieu du *Prodromus* dont
plusieurs volumes sont arriérés, nous avions consulté des ouvrages plus récents. Néamoins il nous a semblé qu'une statistique
comprenant près de cent mille noms est bien suffisante pour
établir approximativement le rapport numérique qui existe entre
les diverses catégories de noms spécifiques.

NOMS DE PLANTES

	ÉPITHÈTES EXPRESSIVES	INDICATIONS GEOGRAPHIQUES	NOMS D'HOMMES	SUBSTANTIFS A SIGNIFICATION INCONNUE
Dicotylédones.	48.635	5.348	6.053	1.067
Monocotylédones. . . .	9.125	711	924	113
Cryptogames vascul. . .	2.773	250	745	25
Muscinées.	1.947	177	461	
Champignons.	11.579	198	745	25
Lichens.	937	44	148	
Algues.	4.057	378	845	16
TOTAL : 97.356	79.063	7.136	9.921	1.246
Sur cent.	81,19	7,32	10,19	1,27

Il résulte de ce tableau que quatre-vingt-une fois environ sur
cent, les créateurs de noms de plantes ont eu le bon goût de
choisir des qualifications tirées d'un attribut de l'espèce, tandis
que dix-neuf fois sur cent, ils n'ont pas voulu prendre la peine de
chercher une telle dénomination.

Il était sans contredit fort intéressant d'examiner au même
point de vue la nomenclature zoologique. Nous armant donc de
patience, nous avons successivement passé en revue une centaine
de mille de noms d'animaux, en commençant par le groupe des
Coléoptères, dont soixante-dix-sept mille huit espèces ont été énu-
mérées dans les douze volumes du *Catalogus Coleopterorum*,
publié à Munich, de 1868 à 1876, par Gemminger et de Harold.

NOMS DE COLÉOPTÈRES

TOTAL	EPITH. EXPRESS.	INDIC. GÉOGRAPH.	NOMS D'HOMMES	SUBSTANTIFS INSIGNIFIANTS
77.008	63.319	4.603	7.137	1.949
Sur cent. . .	82,22	5,97	9,26	2,53

NOMS D'HÉMIPTÈRES (1)

TOTAL	ÉPITH. EXPRESS.	INDIC. GÉOGR.	NOMS D'HOMMES	NOMS INSIGNIFIANTS	NOMS DE PLANTE
692	581	35	37	8	31
Sur cent. . .	83,95	5,05	5,34	1,15	4,47

ORTHOPTÈRES (2)

629	523	50	33	21	2
Sur cent. . .	83,14	7,94	5,24	3,33	0,31

LÉPIDOPTÈRES (3)

6062	3765	477	348	588	684
Sur cent. . .	62,10	7,86	9,03	9,69	11,28

CRUSTACÉS (4)

1315	981	66	258	10
Sur cent. . .	74,60	5,01	19,61	0,76

MOLLUSQUES VIVANTS DE FRANCE (5)

2444	1690	248	492	14
Sur cent. .	69,14	10,14	20,13	0,57

POISSONS (6)

7843	5 1	715	848	459
Sur cent. .	74,21	9,11	10,81	5,85

R PTILES ET BATRACIENS (7)

1395	945	126	298	26
Sur cent. .	67,74	9,03	21,36	1,86

(1) *Hist. nat. des Insectes, Hémiptères,* par Amyot et Audinet-Serville. Paris, 1843.

(2) *Orthoptères,* par Audinet-Serville. Paris, 1839.

(3) *Catalog der Lepidopteren des europaeischen Faunengebiets,* par Staudinger. Dresden, 1871.

(4) *Histoire naturelle des Crustacés,* par Milne Edwards. Paris, 1840.

(5) *Catalogue des Mollusques vivants de France,* par Arn. Locard, 2 vol. Lyon, 1882 et 1886.

(6) *Catalogue of Fishes in the Collection of the British Museum,* 8 vol. London, 1859-1870.

(7) *Histoire naturelle des Reptiles,* par A. Duméril. Paris, 1854.

PHOQUES, BALEINES ET DAUPHINS (1)

165	74	37	33	21
Sur cent. . .	44,84	22,42	20	12,73

CHIROPTÈRES (2)

543	405	64	64	10
Sur cent . .	74,58	11,78	11,78	1,84

OISEAUX (3)

4314	3206	507	503	98
Sur cent. . .	74,31	11,75	11,65	2,27

SINGES ET LÉMURIENS (4)

205	152	12	18	23
Sur cent. .	74,14	5,85	8,78	11,21

CARNIVORES. PACHYDERMES, ÉDENTÉS (5)

431	248	91	56	36
Sur cent. .	57,49	21,11	12.99	8,35
103046	81710	7031	10325	3263
Sur cent. .	79,29	6,82	10,01	3,16

Il nous paraît inutile de pousser plus loin notre statistique. Le tableau précédent comprenant deux cent mille noms spécifiques de plantes et d'animaux suffit amplement à montrer la préférence instinctive des fabricants de noms pour les épithètes expressives

(1) *Catalogue of Seals and Whales in the collection of British Museum*, by John Edw. Gray. London. 1866.

(2) *Catalogue of the Chiroptera (ibid.)*. by G. Edw. Dobson *(ibid.)* London, 1878.

(3) *Catalogue of Birds (ibid.)*. by Bowdler Sharpe *(ibid.)* 11 vol.. London, 1874-1886.

(4) *Catalogue of Monkeys, Lemurs. (ibid)*, by F. E. Gray. London, 1870.

(5) *Catalogue of Carnivorous.Pachydermatous and Edentate (ibid.)*. by John Edw. Gray. London, 1869.

recommandées par l'illustre législateur de la *Philosophia bota-nica* (1). Il résulte en effet du recensement auquel nous nous sommes livré que cette sorte de qualification onomastique a été employée quatre-vingts fois environ sur cent, ou en d'autres termes dans les quatre cinquièmes des cas. Puisque, suivant l'avis unanime des naturalistes, elle est la meilleure et qu'il n'existe aucun motif pour employer les autres formules dont les défauts sont bien connus, nous déclarons qu'elle est la seule admissible. Nous espérons que tous les savants qui connaissent l'utilité de la précision du langage se joindront à nous pour obtenir le retour des naturalistes aux sages principes professés par Linné et Lamarck en matière de nomenclature.

III

DE LA PRIORITÉ

En 1796, le chimiste Lampadius, chauffant ensemble du charbon et de la pyrite de fer (bisulfure de fer), obtint un liquide volatil, à odeur fétide, réfractant fortement la lumière et plus dense que l'eau, qu'il supposait être une combinaison de soufre et d'hydro-gène et auquel il donna le nom d'*Alcool de soufre*. Plus tard, ce liquide reçut, en l'honneur de celui qui l'avait découvert, l'appel-

---

(1) *Nomen specificum legitimum plantam ab omnibus conjeneribus distin-guat*, § 257.

Inventoris vel alius cujuscumque nomen in differentia non adhibeatur § 263.

Locus natalis species distinctas non tradit, § 264.

M. Bourguignat s'est trompé *(Methodus conchyliologicus denominationis*, p. 28) lorsqu'il a invoqué l'autorité de Linné pour légitimer les noms spécifiques rappelant un nom d'homme.

L'aphorisme cité par le savant malacologiste s'applique au nom générique : *No-mina generica ad Botanici optimè meriti memoriam conservandam cons-tructa, sancte servanda sunt* § 238.

lation de *Liqueur de Lampadius*. Thénard, ayant reconnu qu'il
est composé de charbon et de soufre, lui imposa la dénomination
de *carbure de soufre*, conformément aux règles de la nomenclature chimique. En vertu de certaines idées théoriques, d'autres,
renversant les termes, préférèrent dire *sulfure de carbone*, ou,
avec Berzélius, *sulfide de carbone*. Gerhard, considérant que ce
sulfure se combine avec les bases pour former des sels, estima
qu'il vaudrait mieux le nommer *acide sulfocarbonique*. Enfin
actuellement les chimistes sont d'accord pour lui donner le nom de
bisulfure de carbone qui exprime d'une manière exacte le rapport des deux éléments, CS^2.

Certes, le mérite de Lampadius n'est pas d'avoir baptisé le susdit
liquide d'un nom quelconque, mais bien de l'avoir découvert, sans
même prévoir les nombreuses et utiles applications qu'il recevrait
ultérieurement.

Peu d'années avant la découverte du bisulfure de carbone,
Lavoisier avait déterminé exactement la composition de l'air et de
l'eau à l'aide de méthodes constituant une science nouvelle; il
avait formulé la vraie théorie de la combustion et de la respiration ;
de concert avec ses trois collaborateurs, il avait fondé l'admirable
édifice de la nomenclature chimique ; enfin, par l'ensemble de ses
travaux, il avait donné la démonstration expérimentale de la perpétuelle circulation des éléments cosmiques et justifié ainsi l'antique aphorisme des philosophes grecs : « Rien ne se crée, rien ne
se perd. »

A tous ces titres de gloire aurons-nous la naïveté d'ajouter que
Lavoisier a eu en outre le mérite de fabriquer le mot *oxygène*
(engendre-acide)? Non certes, car d'une part l'oxygène n'est pas
le seul corps qui engendre des acides, et d'autre part ce gaz n'a
pas été découvert par Lavoisier, mais par Priestley et Scheele qui
l'avaient nommé *air déphlogistiqué*. Ce n'est pas parce que l'illustre
chimiste s'est servi de telle ou telle expression que sa mémoire
restera perpétuellement en honneur parmi les savants, mais à cause
des faits eux-mêmes qu'il a révélés et des méthodes qu'il a créées.
Nous ne prétendons pas que le choix des noms soit indifférent : nous

sommes, au contraire, de ceux qui soutiennent que la perfection du langage exerce une heureuse influence sur le progrès des sciences. Notre but est d'établir présentement que le mérite de la fabrication des noms scientifiques est d'ordre subalterne et atteste seulement le bon goût, l'amour de la précision et le savoir littéraire de ceux qui les ont composés. La véritable priorité, la seule qui assure l'immortalité aux inventeurs c'est l'exactitude de l'observation. et de l'expérimentation, c'est enfin la découverte de faits nouveaux.

Nous avons emprunté nos arguments au langage de la chimie, parce que les données de cette science ont une portée incomparablement plus haute que les minuscules détails relatifs à l'*Eritrichion nanum* et à la *Cicendia pusilla*. Il nous serait d'ailleurs facile de continuer la démonstration de notre thèse à l'aide d'exemples tirés du langage botanique, et nous arriverions sans peine à démontrer que dans le domaine phytographique la priorité appartient à celui qui le premier a distingué une forme végétale jusqu'alors méconnue et en a donné une description suffisamment claire, quel que soit d'ailleurs le vocable employé par lui pour la désigner.

La définition de la priorité telle que nous venons de la présenter a une importance considérable, car elle est destinée, lorsqu'on la comprendra bien, à introduire un changement complet dans les idées et dans les habitudes des botanistes et des zoologistes. D'une part, elle mettra un terme à la sotte vanité des fabricants de noms qui, pour se rendre célèbres, ne se font aucun scrupule de multiplier les genres sans nécessité, de faire passer une espèce d'un genre à l'autre, d'élever au rang d'espèce une forme déjà décrite comme variété, et qui enfin, incapables d'une invention sérieuse, recherchent toutes les occasions de glisser leur propre nom à la suite du nom d'une plante ou d'une bête. Le jour où il sera admis que la fabrication d'un nom est pure affaire de grammairien sachant exprimer un caractère à l'aide de mots grecs ou latins, ils n'envieront plus la gloire de passer pour des tailleurs ayant donné à la pensée un vêtement plus ou moins bien adapté. D'autre part, les doctrinaires qui se plaisent à effrayer les peureux par le spectacle du dévergondage de la vanité impuissante auront ainsi perdu un de leurs arguments les plus spécieux en faveur de l'établissement de leur *loi de priorité*, et ne pourront plus opposer de motif valable pour combatire les propositions désintéressées d'amélioration du langage scientifique, lorsque celui-ci aura été ramené à son véritable rôle qui n'est point de fournir une marque de fabrique aux inventeurs de noms, mais bien de servir d'instrument impersonnel et indéfiniment perfectible des idées.

Les mœurs des savants et le langage scientifique gagneront également au triomphe des principes que nous venons d'exposer.

Pour certains avocats, toutes les raisons sont bonnes, quand il s'agit de plaider une mauvaise cause. N'est-on pas allé jusqu'à prétendre que le changement d'un nom est un vol commis au préjudice de l'auteur du premier nom !

Dans un discours à l'Académie de Bordeaux, Charles des Moulins a soutenu que « les noms scientifiques sont une propriété dont on ne peut dépouiller les auteurs sans violer les règles les plus élémentaires de l'équité. De même que le législateur a consacré par la loi dite des *Brevets d'invention* le monopole, pendant une durée déterminée, de l'exploitation industrielle d'un procédé de fabrication ou d'une machine par celui qui en est l'inventeur, de même aussi il est juste qu'on assure à chaque auteur la possession, perpétuelle cette fois, des noms de plantes et d'animaux qu'il a créés. » *(De la propriété littéraire en matière scientifique.* Bordeaux, 1854.)

Dans le *Code de la nomenclature zoologique*, présenté à l'Association pour l'avancement des sciences, à Manchester, en 1842, Strickland déclare que le nom donné à une espèce animale doit être considéré comme une propriété sacrée.

Dans son *Rapport* au Congrès international de géologie tenu Bologne en 1881, M. Douvillé répète, en l'approuvant, cette déclaration de Strickland.

Dans le *Rapport* de la Commission de nomenclature présenté en 1881 à la Société zoologique de France, M. Chaper n'hésite pas à soutenir que « le plus vulgaire sentiment de probité impose le respect d'un nom de genre ou d'espèce comme celui d'une propriété dont nul ne peut enlever la jouissance, c'est-à-dire l'honneur, à celui qui l'a créé (p. 24)... d'où la nécessité d'affirmer et de pratiquer résolument et rigoureusement la règle en vertu de laquelle le nom d'un genre ou d'une espèce ne peuvent être autres que les premiers sous lesquels ils ont été désignés » (p. 25). Toutefois le rapporteur met hors la loi les noms qui violent les règles du bon sens, de la grammaire et de l'orthographe (p. 18). Il ne fixe pas de date pour le commencement d'application de la loi de priorité, de sorte qu'on peut conclure que, suivant lui, la priorité est acquise à Aristote, à Théophraste, à Dioscoride, à Pline, à Galien et à tous les anciens naturalistes, en ce qui concerne les noms insérés pour la première fois dans l'ouvrage de l'un d'eux, à condition qu'ils soient construits d'après la règle fondamentale de la nomenclature binaire.

M. Douvillé veut aussi que la recherche de la paternité puisse s'étendre sans restriction dans le temps. La doctrine de MM. Chaper et Douvillé n'a pas été admise par les membres du Congrès de Bologne, lesquels ont décidé que la priorité commence à Linné (10ᵉ édition du *Systema naturæ*).

Puisque l'usurpation de Linné remonte à plus d'un siècle en arrière, le pouvoir de ce monarque est devenu légitime par le fait même de sa longue durée : en conséquence les lois de l'équité ne s'appliquent pas à ses prédécesseurs. Quoique les érudits assurent que l'*Ampelos œnophoros* se trouvait déjà dans la matière médicale de Diocoride (V, 1), il est entendu entre nous que l'expression *Vitis vinifera*, qui en est la traduction exacte, portera l'estampille de Linné, L. — Ainsi en sera-t-il des *Populus alba* et *nigra* cités par Pline (XVI, 30) et de cent cinquante autres noms construits d'après les règles de la nomenclature binaire, lesquelles pourtant n'ont été formulées par aucun des anciens naturalistes (1).

(1) Voyez notre opuscule intitulé : *Quel est l'inventeur de la nomenclature binaire?* Paris, 1883, J. B. Bailliere.

Si donc on admet, avec le Congrès de Bologne, que la priorité
ne remonte pas pour les noms d'animaux, au delà de l'année 1758,
date de la publication de la 10ᵉ édition du *Systema naturæ*, et,
en ce qui concerne les noms de plantes, au delà de l'année 1762,
date de la publication de la 2ᶜ édition du *Species plantarum*, en
outre si la prohibition des changements s'applique non seulement
aux noms spécifiques, mais encore, comme le veut M. Chaper,
aux noms de genre, il faut sévèrement proscrire tous les *Genera
plantarum*, surtout ceux dans lesquels de nouveaux arrangements ont été proposés, comme le *Genera plantarum* de Jussieu
(1789), le *Synopsis* de Persoon (1805), l'*Histoire naturelle* des
végétaux de Spach (1834-48), l'*Enumeratio plantarum* de
Kunth (1833-50), le *Genera plantarum* d'Endlicher (1836-50),
le *Prodromus regni vegetabilis* commencé en 1824 par A. P. de
Candolle, et continué par Alph. de Candolle et ses collaborateurs,
enfin, pour clore la liste beaucoup trop longue des dangereuses
tentatives des révolutionnaires, le *Genera plantarum* de Ben-
tham et Hooker, commencé en 1862, et achevé en 1883.

On agira de même à l'égard de toutes les Flores et Monographies
dans lesquelles les noms de genre et d'espèce adoptés par Linné
ont subi des changements quelconques, et on ne conservera que
les noms se rapportant à des genres et à des espèces dont l'illustre
Suédois ne pouvait avoir connaissance. Tel est le langage que
doivent tenir, s'ils sont sincères et conséquents, les partisans du
principe tutélaire de la priorité restreinte, *a Linnaeo*.

M. Alph. de Candolle a fait ressortir les inconvénients qui
résulteraient du droit accordé au premier venu de changer les
noms déjà existants : « Pour le bien de la science, dit-il, il est
désirable qu'on use très rarement de la faculté de changer ou
de modifier les noms. J'en vois si clairement aujourd'hui le danger
que si j'avais à recommencer ma carrière de botaniste descripteur,
j'aimerais mieux garder constamment le premier nom publié, quel
qu'il fût. » *(Nour. Remarques*, p. 41, 42. Genève, 1883.)

Prenant acte de cet aveu, nous venons demander à M. Alph. de
Candolle de mettre sa conduite en parfait accord avec ses paroles.

La faute qu'il a commise est heureusement de celles qui peuvent être réparées à prix d'argent et, comme dit le proverbe, « Plaie d'argent n'est pas mortelle. » Sur une des places publiques de Genève, en présence de botanistes spécialement convoqués pour assister à ce spectacle sans précédent dans l'histoire, qu'il fasse un autodafé de tous les exemplaires restants du *Prodromus*, et qu'il prépare aussitôt une seconde édition dans laquelle tous les anciens noms, changés par lui, par ses collaborateurs et par A. P. de Candolle, seront fidèlement restitués.

Cette réparation, bien que tardive, mettra un terme à ses remords et fera taire les accusations de déloyauté lancées contre lui et les siens, par les naturalistes qui professent hautement que tout changement de nom est une coupable violation des principes de l'équité. Alors on ne pourra plus dire qu'il a voulu imposer aux botanistes un *Code des lois de la nomenclature*, avec l'arrière-pensée de ne pas s'y soumettre lui-même.

Après avoir employé, comme c'est notre droit, l'argumentation dite *ad hominem*, il est temps d'exposer nos propres vues relativement à la priorité. Nous avons déjà expliqué plus haut que la véritable priorité est moins dans les noms que dans les faits eux-mêmes ; examinons maintenant l'accusation de déloyauté adressée à quiconque change le nom donné par le premier botaniste qui a distingué et décrit une espèce végétale.

Supposons que quelqu'un revendique en sa faveur la paternité des expressions suivantes : *Chelidonion majus, Aristolochia longa, A. rotunda* et *A. clematitis*, on lui répondra qu'il s'empare d'un bien ne lui appartenant pas, attendu que ces noms se trouvaient déjà dans la *Matière médicale* de Dioscoride (II, 211 ; III, 5 et 6). Les honnêtes gens seraient unanimes à réprouver une pareille usurpation qui d'ailleurs n'a jamais été faite. Personne n'a essayé de dérober à Linné la gloire immortelle (???) qu'il a acquise en accouplant les deux anciens noms *Anthyllis* et *Barba Jovis*.

Mais tel n'est pas le cas improbable qui a été visé par les sévères défenseurs de la *loi de priorité*. Suivant eux, il suffit de se servir d'un autre nom que le plus ancien, *a Linnaeo*, pour se rendre coupable d'une atteinte ou droit de propriété. Citons un exemple. Dans le *Species plantarum* de Linné, deux Campanules fort anciennement connues ont été appelées *Campanula Medium*, et *C. Erinus*. En remplaçant ces épithètes insignifiantes par celles de *C. grandiflora* et *C. parviflora* qui rappellent un caractère très apparent, Lamarck aurait commis le crime de lèse-priorité.

Que penserait-on d'un marchand qui, ayant pris un brevet pour une bougie de son invention, ferait un procès à quiconque se servirait d'autres bougies déjà usitées avant lui, ou de chandelles, ou même de lampes à huiles végétales et minérales, alléguant qu'on n'a pas le droit de s'éclairer avec d'autres photophores que le sien? Telle est pourtant la prétention des doctrinaires, qui dans le but chimérique de fixer définitivement le langage scientifique, veulent que nous fassions le sacrifice de notre liberté en reconnaissant que le premier nom donné à une plante ou à un animal est le seul légitime et nous défendent d'en employer un autre.

Pour qu'on ait osé émettre une prétention aussi exorbitante, en opposition avec les enseignements de l'histoire qui nous montrent la perpétuelle mobilité du langage, en contradiction manifeste avec le caractère essentiellement perfectible de la science et avec la liberté indomptable de l'esprit humain, il a fallu des motifs d'une haute gravité. Au nombre de ces motifs nous ne compterons pas le désir égoïste des fabricants de noms et des auteurs de *Genera*, de *Species*, de *Synopsis* et de *Flora*. Au surplus, nous nous plaisons à supposer qu'aucun d'eux n'est assez naïf pour croire que rien ne sera changé dans l'avenir aux arrangements systématiques inventés par lui, ni assez orgueilleux pour oser prétendre que ses œuvres ont atteint le dernier terme de la perfection. Les ouvrages des Tragus, Fuchs, Dodoens, Daléchamps, Gaspard et Jean Bauhin, furent sans contredit des chefs-d'œuvre en leur temps. Les *Institutiones rei herbariae* de Tournefort, puis le *Species plantarum* de Linné, qui les remplacèrent, sont aujourd'hui relégués dans le domaine de l'histoire. A notre siècle le nombre des personnes s'occupant d'études scientifiques s'est accru dans des proportions si considérables, et les moyens d'investigation se sont tellement perfectionnés, que les ouvrages, même les mieux faits, vieillissent beaucoup plus vite qu'autrefois. Assurément les dix premiers volumes du *Prodromus regni vegetabilis* sont un des plus beaux monuments de la science phytologique pendant le second quart du XIXe siècle. Néanmoins par suite des progrès de la botanique descriptive, ils sont à refaire. Aussi M. Alph. de Candolle s'efforce-t-il, avec le concours de ses savants collaborateurs d'améliorer cette partie de l'héritage paternel. Déjà cinq volumes formant suite au *Prodromus* ont été publiés. Le tome III est consacré à une revision des Cucurbitacées ; le tome IV contient une seconde édition des Burséracées et Anacardiacées. Mais, qu'on ne l'oublie pas, ce qu'on aura refait au XIXe siècle devra être revisé et complété au siècle suivant et ainsi de suite, tant qu'il y aura des botanistes sur la terre. Sans doute les faits bien observés resteront acquis, mais les arrangements systématiques et les formules de langage subiront une rénovation indéfinie.

Parmi les nombreuses branches de la botanique, il en est une où les vicissitudes du langage se manifestent avec non moins d'évidence que dans la description des familles, des genres et des espèces : c'est l'anatomie végétale. Quelle différence entre le pauvre vocabulaire de l'*Anatome plantarum* de Malpighi, en 1675, et celui qu'on emploie aujourd'hui !

Décidément la *fixité* du langage est une utopie aussi impossible que peu désirable, car elle impliquerait que la science a trouvé ses Colonnes d'Hercule. Nous ne pouvons donc pas, pour leur être agréable, promettre aux fabricants de noms et aux auteurs de traités de botanique que rien ne sera changé aux formules adoptées par eux. Encore moins est-il permis de prendre des engagements au nom des générations futures. *Habent sua fata libelli.*

IV

INCONVÉNIENTS DES CHANGEMENTS DE NOMS

Parmi les motifs allégués en faveur de la *fixité* des noms, le plus sérieux est assurément la crainte de voir tomber la nomenclature dans un désordre inextricable s'il est permis au premier venu de modifier les locutions en usage. N'est-il pas en effet profondément déplorable que certaines espèces aient été tour à tour attribuées à huit ou dix genres différents et qu'elles aient reçu pareil nombre de désignations spécifiques. Citons deux exemples pris au hasard parmi des centaines de cas semblables.

Le *Hieracium pulchrum* de Jean Bauhin est devenu *Chondrilla hieracifolia* dans les *Institutiones* de Tournefort, puis *Crepis pulchra*, Linné, *Lampsana pulchra*, Villars, *Chondrilla pulchra*, Lamarck, *Prenanthes hieracifolia*, Wildenow, *Prenanthes paniculata*, Mœnch, *Prenanthes viscosa*, Baumgarten, *Phæcasium lampsanoides*, Cassini, *Sclerophyllum pulchrum*, Gaudin, *Intybella pulchra*, Monnier.

L'Euphorbe trouvée d'abord près de Tarragone en Espagne et que Barrelier avait nommée *terracina*, a été successivement qualifiée *E. provincialis*, Wildenow, *E. affinis*, de Candolle, *E. ramosissima*, Loiseleur, *E. neapolitana*, Tenore, *E. seticornis*, Poiret, *E. italica*, Tineo, *E. valentina*, Ortega.

Comme pour le chantre de l'*Iliade* et de l'*Odyssée*, plusieurs villes ou provinces se disputent l'honneur d'avoir donné naissance à l'Euphorbe séticorne qui, en réalité, est indigène dans tous les pays du bassin méditerranéen. Quel affreux gâchis, dira-t-on, et combien il est urgent de déclarer que le nom linnéen est le seul légitime !

Précaution inutile, répondrons-nous, car les deux plantes en question sont unanimement appelées par les floristes : *Crepis*

pulchra et *Euphorbia terracina.* Les synonymes que nous
avons exhumés des catalogues où ils gisaient enfouis sont complètement inconnus des botanistes et, par conséquent, n'ont pas ap-·
porté la plus petite perturbation dans la nomenclature. Il en est de
même dans la plupart des autres cas de polyonymie. Pourtant il
s'en faut de beaucoup que les dénominations de Crépide *belle* et
d'Euphorbe *de Tarragone* soient irréprochables : la susdite Cicho-
riacée n'est point belle comme on serait porté à le croire d'après
l'étiquette, et mériterait de recevoir l'épithète moins ambitieuse
de *cylindrica* ou encore *prenanthoidea* rappelant que son péricline cylindrique a quelque ressemblance avec celui des *Prenanthes.* Quant à l'Euphorbe que Barrellier croyait particulière à
Tarragone, elle se trouve en tant de localités du bassin méditerranéen que certainement il eût été mille fois préférable de l'appeler,
avec Poiret, *E. seticornis* à cause des cornes de ses glandes
en croissant munies à leur extrémité de longues pointes sétacées.
Pour que la Crépide à péricline cylindrique et l'Euphorbe à cornes
sétacées reçoivent les dénominations qui leur conviennent, il suffit
que les cinq ou six Maîtres qui à chaque siècle remplissent la
fonction d'initiateurs veuillent bien admettre résolument le principe de l'*expressiveté* des épithètes spécifiques et cessent de considérer celles-ci comme un assemblage insignifiant de lettres. La
foule, toujours docile, acceptera leurs enseignements comme elle
a reçu ceux de leurs prédécesseurs ; de sorte que, par suite de cet
inévitable entraînement, aucune discordance ne se produira dans
le langage. Nous savons en effet par expérience que, dans tous les
temps, les expressions bonnes ou mauvaises, employées par les
Maîtres dont les ouvrages sont devenus classiques, ont formé le
langage usuel et s'y sont maintenues malgré les tentatives de
quelques dissidents dont la voix s'est perdue au milieu de l'indif-
férence générale du public qui répugne à tout changement d'habitude. C'est pourquoi l'anarchie dont on nous menace, dans le
cas où nous laisserions liberté complète aux révolutionnaires, est
un vain fantôme qu'on aurait tort de redouter : ces prétendus per-
turbateurs de l'ordre public sont impuissants à faire accepter leurs

propositions, même les mieux fondées. En définitive, les véritables réformateurs sont les Maîtres qui, ayant conquis par leur ouvrages une autorité incontestée, imposent à la foule leurs idées et leur langage, sans avoir besoin d'aucune explication préalable. C'est ainsi que successivement on a vu les botanistes adopter unanimement les formules employées par Brunfels, Tragus, Fuchs, Matthiole, Dodoens, Matthias de Lobel, Gaspard Bauhin, Jean Bauhin, Tournefort, Linné et enfin par tous les floristes dont les travaux ont fait progresser la connaissance des plantes.

Cette évolution incessante n'est pas particulière au langage scientifique : elle se produit aussi, et par le même procédé dans la langue vulgaire. Celle-ci ne varie pas au gré des grammairiens, mais bien sous l'impulsion des auteurs dont les écrits ont le privilège d'exciter la curiosité du public. Qui ne connaît les vicissitudes de la langue française depuis Joinville, Froissard, Philippe de Comines, Rabelais et Montaigne jusqu'à Balzac, Pascal, la Bruyère, Bossuet, Fénelon et Voltaire ? Est-il besoin de rappeler les variations du langage poétique à partir de la *Chanson de Roland*, et des poésies de Marot et de Ronsard jusqu'à celles de Malherbe, Corneille, Racine, Boileau, J.-B. Rousseau, Chénier, Lamartine, Victor Hugo, Coppée, Leconte de Lisle et Sully Prudhomme ?

Nous avions donc raison de soutenir que la prétention d'immobiliser le vocabulaire scientifique n'est pas seulement la négation du progrès et un attentat à la liberté de l'esprit humain, mais aussi une monstrueuse hérésie historique.

Puisque l'amélioration de la nomenclature botanique et zoologique dépend entièrement des auteurs de Flores et de Faunes, il suffit donc que ceux-ci aient la ferme volonté de redresser dans leurs ouvrages les noms vicieux. Mais pour que leur initiative produise d'heureux résultats il importe qu'ils répudient la funeste doctrine de la *fixité des noms fondée sur le prétendu droit de priorité*, il faut que, reléguant dans le domaine de l'histoire la recherche de la paternité des noms et des inventions, ils demeurent bien persuadés que le perfectionnement du langage, en facilitant l'expression des idées, contribue dans une large mesure au progrès de la science ; enfin, il est nécessaire qu'ils ne se laissent point effrayer par le spectre de la confusion des langues, sans cesse agité devant nous par les paresseux auxquels répugne tout changement à leurs habitudes et par les *orfèvres* intéressés au maintien du *statu quo*.

Il est incontestable que le redressement et, à plus forte raison, le changement des noms défectueux, apportera à chacun de nous un dérangement passager jusqu'à ce que les appellations nouvelles aient définitivement pris place dans notre mémoire. Mais, en vérité, dès le premier jour où nous avons entrepris l'étude des sciences, n'avons-nous pas accepté la nécessité impérieuse, non seulement de suivre le mouvement des faits et des doctrines, mais encore d'adopter les formules de langage qui s'adaptent le mieux à l'expression des idées ? Bien plus, cette rénovation incessante des idées et du langage n'est-elle pas la preuve manifeste du progrès de nos connaissances, et l'honneur de l'esprit humain ?

Dans nos écrits antérieurs sur cette matière, prévoyant bien qu'on nous opposerait comme fin de non-recevoir la perturbation apporté à la nomenclature botanique et zoologique par le changement de plusieurs milliers de noms, nous avions, par prudence, demandé de longs délais pour l'entier accomplissement de l'œuvre de réforme. Suivant nous, il fallait présentement se borner à faire les corrections les plus urgentes et renvoyer à une époque ultérieure le changement des épithètes qui ne sont ni incorrectes, ni fausses, ni absolument dépourvues de signification, ni ridicules, comme, par exemple, les expressions géographiques et les indications d'habitat *(arvensis, palustris,* etc).

Cette concession n'a pas désarmé nos adversaires, comme on va le voir par la phrase suivante des *Nouvelles Remarques* de M. Alphonse de Candolle : « Veut-on savoir jusqu'où l'on est conduit en abandonnant le principe qu'un nom est un nom, quelque vicieux qu'il puisse être ? M. Saint-Lager nous le montre en proposant de changer 733 noms d'espèces, la plupart d'Europe (1). A ce compte il y en aurait dix ou douze mille à changer dans le règne végétal et plus encore dans le règne animal. »

Oui, il est bien vrai que par suite de la maladresse des fabricants de noms et aussi à cause de la docilité de la foule moutonnière, il y aurait lieu de changer dans la nomenclature botanique au moins 18 303 noms, ainsi qu'il résulte de notre statistique, et plus de 20 000 noms dans la nomenclature zoologique. La perspective d'un tel bouleversement effrayerait à bon droit le botaniste le plus courageux et le zoologiste le plus ami du progrès, si l'un et l'autre se trouvaient dans la nécessité d'apprendre à bref délai environ 20 000 mots nouveaux. Mais, comme on va le voir, la surcharge imposée à la mémoire de chaque naturaliste par le changement de tous les noms défectueux se réduit dans la pratique à un nombre vingt fois moindre. L'épouvantail qu'on nous présente est comme les bâtons de la fable : « de loin c'est quelque chose, et de près ce n'est rien ».

En effet, nous ne sommes plus au temps où Linné décrivait dans son *Systema naturae* 8551 espèces végétales et un nombre à peu près pareil d'espèces animales. Actuellement, il y a plus de cent mille plantes décrites et nommées, et on compte un nombre beaucoup plus considérable d'espèces animales. Aussi, le naturaliste qui veut faire des études sérieuses et vraiment profitables, est-il obligé de restreindre son ambition à la connaissance d'un groupe du monde animal et du règne végétal. L'un s'occupe exclusivement des Mammifères, une autre des Oiseaux, un troisième des Poissons, et ainsi de suite pour les autres classes. Plusieurs de celles-ci contiennent un si grand nombre de genres et d'espèces que la division du travail s'impose comme une nécessité inéluctable : c'est ainsi, par exemple, que dans la pratique plusieurs spécialistes se partagent entre eux l'étude des divers ordres de la vaste classe des Insectes, c'est-à-dire les ordres des Coléoptères, des Hyménoptères, des

---

¹ Les sept cent trente-trois noms cités par nous sont des exemples pris au hasard dans la nomenclature générale et ne s'appliquent pas en particulier à la Flore européenne, comme le dit notre éminent contradicteur.

Lépidoptères, des Diptères, des Orthoptères, etc. En vue des applications de la zoologie à la géologie, plusieurs naturalistes s'occupent exclusivement des animaux fossiles, et même, le plus souvent, d'un embranchement en particulier, les Mollusques ou les Vertébrés.

La spécialisation n'est pas moins nécessaire à l'exacte connaissance des plantes. C'est pourquoi, parmi les botanistes, il en est qui se livrent à l'étude des Mousses, d'autres à celles des Lichens, quelques-uns à celle des Champignons et même ordinairement à l'examen d'un ordre de cette vaste classe de Cryptogames, quelques autres enfin aux recherches concernant les Algues d'eau douce et d'eau marine.

La division du travail n'est pas pratiquée seulement sous le rapport des embranchements, classes et ordres du règne animal et végétal, mais aussi en ce qui concerne l'espace occupé par les plantes et les animaux à la surface de notre planète. Le nombre des plantes phanérogames, par exemple, est si considérable qu'aucun homme ne pourrait, même durant la vie la plus longue et la plus laborieuse, les observer toutes mortes ou vivantes. La flore d'Europe, composée de 9395 espèces principales et de 2014 espèces secondaires, soit en tout de 11 409 Phanérogames (1), dépasse la portée de ce qu'un botaniste peut embrasser avec profit. D'après la longue expérience que nous avons acquise en cette matière, nous estimons qu'une étendue de pays offrant, comme la France, 5000 espèces principales et 1000 espèces secondaires, au total 6000 Phanérogames, suffit amplement à l'activité du phytologue le plus diligent, surtout si, ne se bornant pas à étudier les plantes dans le cabinet au moyen des livres et des herbiers, il veut observer la plupart d'entre elles sur le terrain.

Celui qui a écrit ces lignes a employé douze années consécutives à dresser le Catalogue des plantes vasculaires du bassin du Rhône, et il sait quelle somme de travail il faut pour emmagasiner dans sa mémoire six mille noms de plantes avec la représentation idéale des objets auxquels s'appliquent ces noms. Or, il est clair que pen-

---

(1) *Conspectus florae Europaeae*, par Nyman, 1878-1884.

dant qu'il était entièrement absorbé soit par les observations sur le terrain, soit par les recherches bibliographiques, on aurait pu, sans qu'il en éprouvât le moindre dérangement, changer tous les noms des Flores asiatique, malaise, australienne, américaine et africaine, et même les noms des Algues, des Champignons, des Lichens et des Mousses d'Europe. Sans vouloir offenser qui que ce soit, il croit pouvoir dire que les autres botanistes sont soumis aux mêmes conditions que lui-même en ce qui concerne la capacité de la mémoire et le temps disponible et, par conséquent, établir d'après son expérience personnelle, qu'en moyenne un naturaliste ne peut pas, pendant une période de dix ans, s'occuper sérieusement et utilement de plus de six mille espèces végétales ou animales. Il consent à reculer la limite à sept mille en faveur de ceux qui prétendraient être mieux doués que lui, ce qu'il admet d'ailleurs bien volontiers à titre d'exception. Toutefois, il repousse formellement la prétention du botaniste qui assurerait avoir passé en revue tous les herbages de la création et du zoologiste dont l'ambition s'élèverait jusqu'à vouloir étudier, pendant sa carrière, toutes les espèces animales qui vivent ou ont vécu à la surface de la terre ou dans l'eau des mers. La supposition que nous venons de faire peut au premier abord paraître invraisemblable, cependant, comme il a été expliqué plus haut, elle est implicitement contenue dans la doctrine de nos adversaires, lesquels ont raisonné comme si chaque naturaliste avait à supporter le poids total de la nomenclature et de toutes les maladresses commises par les fabricants de noms. Il n'était donc pas superflu de démontrer que la charge est proportionnelle au nombre des espèces animales et végétales qu'un homme peut étudier en un certain nombre d'années, et que dans tous les cas elle est individuelle et ne peut pas dépasser un *maximum* variable avec le temps pendant lequel a duré le travail.

Nous voilà enfin débarassés de la fantasmagorie dont on se plaisait à nous épouvanter. Nous pouvons maintenant, à l'aide des données numériques présentées plus haut, estimer d'une manière suffisamment approximative la somme de dérangement qui sera causée à chacun de nous par le changement de tous les noms

défectueux. D'après notre statistique, la proportion des noms spécifiques ne remplissant pas la condition requise par Tournefort,
Linné et Lamarck (1) est d'environ 20 pour 100. Par conséquent,
le naturaliste qui, en dix ans, aura occasion d'écrire ou de prononcer
six mille noms, devra, s'il accepte la réforme, faire l'apprentissage
de douze cents expressions nouvelles, ou moins usitées et rangées
parmi les synonymes. Au surplus, comme il ne s'agit pas d'une
leçon d'écolier qu'il faille apprendre à bref délai et que d'ailleurs et que d'ailleurs
aucun de nous ne récite ou n'écrit tous les jours six mille noms de
plantes ou d'animaux, l'apprentissage se fera peu à peu et à mesure
que le besoin se présentera.

Parmi les changements, quelques-uns, tels que les corrections
orthographiques et grammaticales ainsi que les modifications de
désinence, sont si minimes qu'ils ne méritent presque pas d'être
comptés. Il est certain, par exemple, que les botanistes n'auront
pas à faire un grand effort pour s'accoutumer à dire et à écrire :

Veronica hederifolia,	au lieu de	*V. hederæfolia.*
Urtica dioeca,	—	*U. dioica.*
Hypericon helodeum,	—	*H. elodes.*
Erigeron uniflorus,	—	*E. uniflorum.*
Saxifraga muscosa,	—	*S. muscoides*
Hieracion pulmonarifolium,	—	*H. pulmonarioides.*
H. pilosellum,	—	*H. pilosella.*
H. auriculatum,	—	*H. auricula.*
Galion cruciatum,	—	*G. cruciata.*
Genista scorpia,	—	*G. scorpius.*
Dorycnion microcarpum,	—	*D. microcarpos.*
Vicia monantha,	—	*V. monanthos.*
Carex hordeiformis,	—	*C. hordeistichos.*
Asplenon capillare (2),	—	*A. Capillus Veneris.*

---

[1] Nous aimons à nous abriter sous l'autorité de ces illustres Maîtres, afin qu'on ne
nous accuse pas d'être un novateur. Les révolutionnaires sont ceux qui délaissant une
tradition respectable, appuyée sur les vrais principes de la philosophie scientifique,
ont érigé en doctrine la soumission aux faits accomplis et aux aberrations, même
les plus monstrueuses, des fabricants de noms.

[2] Les noms de genre d'origine hellénique peuvent être indifféremment écrits sous
leur forme grecque *(Hypericon, Galion, Polygonon, Hieracion, Hippocastanon,
Euphorbion, Centaurion, Alopecuros, Cistos, Gentiane, Betonice),* ou avec la terminaison latine qui leur a été donnée par la plupart des auteurs *(Hypericum,*

On s'accoutumera bien vite à des inversions telles que celles-ci :

Granatum puniceum	au lieu de	*Punica granatum.*
Jonthaspi clypeatum	—	*Clypeola jonthlaspi.*

Ainsi qu'à la suppression de noms faisant double emploi dans la nomenclature, comme par exemple les noms d'*Ilex* et d'*Æsculus* qui appartiennent à des Chênes et qu'on a abusivement donnés, l'un au Houx et l'autre au Marronnier d'Inde.

Aquifolium vulgare, Jean Bauhin,	au lieu de	*Ilex aquifolium.*
Hippocastanon vulgare, Tourn.	—	*Æsculus hippocastanum.*

Pour les botanistes qui ont soin de lire dans les ouvrages classiques la liste des divers noms donnés à une même plante, l'emploi des synonymes expressifs à la place des noms insignifiants n'imposera pas à la mémoire une charge nouvelle.

Ægopodion angelicifolium, Lamarck,	au lieu de	*Æ. podagraria.*
Achillea cuneifolia, Lam.,	—	*A. Herba Rota.*
Alopecurus capitatus, Lam.,	—	*A. Gerardi.*
Alsine glandulosa, Koch.	—	*A. Bauhinorum.*
Aronia rotundifolia, Pers.,	—	*Amelanchier vulgaris.*
Artemisia congesta, Lam..	—	*A. glacialis.*

Alopecurus, Gentiana). Nous aurions préféré conserver à chaque nom de genre la forme qu'il a dans la langue ancienne à laquelle il appartient, mais après les observations qui nous ont été adressées au sujet de la difficulté que nous éprouverions à faire accepter le rétablissement des désinences grecques depuis longtemps abandonnées en un grand nombre de cas, nous n'insistons pas sur la proposition que nous avions faite, de peur qu'elle nuise au succès des autres réformes dont l'importance est beaucoup plus grande. Toutefois, nous tenons à constater que par suite des usages adoptés, il y a dans la nomenclature une discordance choquante entre les noms de genre, puisque les uns ont reçu des désinences latines, tandis que d'autres ont conservé la terminaison hellénique, ainsi qu'on le voit dans les mots suivants : *Erigeron, Tragopogon, Leontodon, Potamogiton, Rhododendron, Diospyros, Capnos, Ampelodesmos, Phyteuma, Onosma, Bunias, Aceras, Serapias, Hippocrepis, Oxytropis, Ægilops, Echinops, Anemone, Alsine, Cardamine, Daphne. Homogyne, Œnanthe, Thlaspi, Ammi, Seseli, Aster, Lichen, Nepenthes, Petasites, Phragmites,* et une multitude d'autres dont nous avons donné la liste dans notre ouvrage intitulé : *Réforme de la nomenclature botanique,* 1880, pages 78 à 108.

En ce qui concerne les noms d'animaux, nous renvoyons le lecteur à nos *Origines des sciences naturelles,* Paris, 1882, J.-B. Baillière.

Avena versicolor, VILL.,	au lieu de	*A. Scheuchzeri.*
Betonice lutea, LAM..	—	*B. alopecuros.*
Centaurion stellatum, DODOENS,	—	*C. calcitrapa.*
Cirsion glutinosum, LAM.,	—	*C. erysithales.*
Chenopodion foetidum, TRAGUS,	—	*C. vulvaria.*
Campanula urticifolia, SCHM.,	—	*C. Trachelium.*
C. nana, LAM.,	—	*C. Allionii.*
C. parviflora, LAM.,	—	*C. Erinus.*
C. grandiflora, LAM.,	—	*C. medium.*
Cheiranthos luteum, FUCHS,	—	*C. Cheiri.*
Carduncellus longifolius, LAM.,	—	*C. Monspeliensium.*
Cnicus lanuginosus, LAM.,	—	*C. benedictus.*
Doronicum cordatum, LAM.,	—	*D. pardalianches.*
Dianthus longicaulis, TENORE,	—	*D. Godronianus.*
Delphinion divaricatum, DULAC,	—	*D. consolida.*
Euphorbion purpureum, LAM.,	—	*E. characias.*
Galeopsis nodosa, MOENCH,	—	*G. Tetrahit.*
Helichryson citrinum. MATTHIOLE,	—	*H. stoechas.*
Hypericon verticillatum, LAM.,	—	*H. coris.*
Inula lanuginosa, C. BAUHIN,	—	*I. Oculus Christi.*
Juncus atratus, LAM.,	—	*J. Jacquini.*
Laserpitium hirsutum, LAM.,	—	*L. panax.*
Leonturos trilobatus, LAM.,	—	*L. cardiaca.*
Lysimachia glauca, MOENCH,	—	*L. ephemerum.*
Psammites littorale, PAL. DE B.,	—	*Psamma arenaria.*
Polystichon obtusum, DULAC,	—	*P. Filix-Mas.*
Rumex sinuatus, LAM.,	—	*R. pulcher.*
Ranunculus lanceolatus TABERNAEM.,	—	*R. flammula.*
R. longifolius, C. BAUHIN,	—	*R. lingua.*
R. apiophyllus, C. BAUHIN,	—	*R. scelerata.*
Sagitta aquatica, C. BAUHIN,	—	*Sagittaria sagittifolia.*
Santolina cupressiformis, LAM.,	—	*S. chamæcyparissus.*
Saponaria rubra, LAM.,	—	*S. vaccaria.*
Saxifraga pyramidalis, LAPEYR.,	—	*S. cotyledon.*
Sedum purpureum, TAUSCH,	—	*S. fabaria.*
Senecio carnosus, LAM.,	—	*S. doria.*
Veronica sempervirens, LAM.,	—	*V. Ponae.*
Viburnum laurifolium, LAM.,	—	*V. Tinus.*
Vaccinium rubrum, DODOENS,	—	*V. Vitis idaea.*

Il nous serait facile de continuer la démonstration au moyen
d'exemples choisis dans la nomenclature zoologique, mais nous
pensons que ceux qui précèdent suffisent pour faire comprendre
que l'emploi des synonymes expressifs déjà connus diminuera no-

tablement le nombre des noms à créer et n'imposera pas un nouvel
effort de mémoire aux naturalistes expérimentés. Enfin, à l'égard
des noms nouveaux, les inconvénients seront peu sensibles à cause
du long temps qu'on mettra à s'y accoutumer à mesure du besoin.

V

CONCLUSIONS

Les considérations exposées dans le présent écrit et dans nos
plaidoyers antérieurs ont assez élucidé le procès de la nomenclature des êtres vivants pour qu'il soit permis de porter un jugement
en parfaite connaissance de cause, en partant de ce principe que
les formules du langage scientifique à l'usage de quelques milliers
d'hommes instruits doivent être établies d'après les règles pres-
crites par les enseignements de la philosophie scientifique et de
l'expérience, et ne peuvent, en aucun cas, être abandonnées, sans
appel et sans contrôle, au caprice des inventeurs. Il est à peine
besoin d'ajouter que la correction orthographique et grammaticale
étant la loi suprême de la linguistique, il serait absurde d'admettre que les savants puissent déroger à une obligation unanimement acceptée en ce qui concerne le langage vulgaire.
Il va sans dire aussi que la précision, recommandée par les
grammairiens comme une des principales qualités du style, est
rigoureusement imposée dans une glossologie technique. En outre,
il est bien entendu que le droit des inventeurs, fidèlement conservé
par l'histoire, n'implique nullement pour les naturalistes l'obligation de se servir exclusivement des formules employées par leurs
prédécesseurs, lorsque celles-ci sont défectueuses. Enfin, le progrès de la science est trop intimement lié à la perfection des formules servant à l'expression des idées pour qu'il soit permis d'hési-
ter dans le choix entre divers procédés de valeur inégale : le meilleur est évidemment le seul qu'il convienne d'employer.

C'est en s'inspirant de ces principes que le grand Linné a magistralement établi, en 1751, dans sa *Philosophia botanica*, les règles de la nomenclature dont la principale est celle que nous avons surtout visée dans le présent Mémoire :

« Chaque être vivant est désigné par un nom de genre suivi d'une épithète spécifique exprimant, autant que possible, un caractère différentiel. »

Une expérience de cent trente-quatre ans a démontré l'excellence de cette loi fondamentale ; aussi est-il urgent de revenir sans défaillance à sa stricte application, si l'on ne veut pas voir la nomenclature, abandonnée au caprice individuel, tomber dans le désordre le plus complet. Cette loi étant, comme il a été démontré plus haut, la seule rationnelle, la seule vraie et partant la seule digne d'être admise par les hommes qui comprennent l'importance de la précision du langage scientifique, il faut qu'à l'avenir quiconque jugera nécessaire la création d'un nom, ait soin de prendre l'avis d'un philologue expérimenté. Enfin, en ce qui concerne les anciens noms défectueux, lorsque dans chaque groupe du règne végétal et animal quelques naturalistes connaissant bien les règles de la linguistique se seront dévoués à l'œuvre de la réforme, il faut que chacun de nous consente à faire peu à peu l'apprentissage des nouveaux noms. Telle est, à notre avis, la solution juste et définitive du procès de la nomenclature des êtres vivants.

LYON. — IMPRIMERIE PITRAT AÎNÉ, 4, RUE GENTIL.